高等院校纺织服装类 "十三五" 部委级规划教材
经典服装设计系列丛书

服 装 款 式 大 系

——男衬衫·T恤
款式图设计800例

主 编 陈贤昌 曾 丽
著 者 汤 丽 贺金连

U0377597

东华大学 出版社
·上海·

图书在版编目（CIP）数据

服装款式大系：男衬衫·T恤款式图设计800例/陈贤昌，曾丽主编.
—上海：东华大学出版社，2018.1
ISBN 978-7-5669-1252-7

Ⅰ.①男…　Ⅱ.①陈…　②曾…　Ⅲ.①男服－衬衣–服装设计–图集
Ⅳ.①TS941.718-64

中国版本图书馆CIP数据核字（2017）第166704号

责任编辑　赵春园　吴川灵
封面设计　张　丽

服装款式大系

——男衬衫·T恤款式图设计800例

主编　陈贤昌　曾　丽

著者　汤　丽　贺金连

出　　　版：东华大学出版社(上海市延安西路1882号，200051)
天猫旗舰店：http://dhdx.tmall.com
营销中心：021-62193056　62373056　62379558
电子邮箱：498733221@qq.com
印　　　刷：苏州望电印刷有限公司
开　　　本：889mm×1194mm　1 / 16
印　　　张：20
字　　　数：704千字
版　　　次：2018年1月第1版
印　　　次：2018年1月第1次印刷
书　　　号：ISBN 978-7-5669-1252-7
定　　　价：78.00元

总　序

时尚与创意，生活与品味，是现代服装设计所追随的理念，也是当代服装设计的灵魂。

男装设计是服装设计中一个跨度大、突破难度高的领域。应东华大学出版社的要求，我们对现代男装设计进行了深入的研究与探讨，针对服装款式大系男装系列设计丛书定位、命名展开了多次的分析与讨论，确立了《男大衣·风衣款式图设计800例》《男衬衫·T恤款式图设计800例》《男夹克·棉褛款式图设计800例》《男西装·裤子款式图设计800例》四本设计专著的撰写方向。

整体创作以基于市场又高于市场的设计理念，领先于一般系列丛书的目标定位。本系列丛书以完整的款式设计目标，体现良好的市场应用价值，具备一定的前瞻性、可延伸性。我们着眼于当代国内外精湛的设计思想，力求体现具有研究、分析以及可应用性的原则，在理论性、实践性和应用性的基础上充分体现出全系列丛书总体质量，并具备一定的权威性与学术性，力求达到丛书的总体目标。

文字部分撰写应体现一定的理论性、专业性和学术性；服装设计图应具有较高的时代与时尚美感，体现出一定的应用性、时尚性和拓展性；服装设计效果图力求达到较高的表现水平，具有一定的艺术性和实用性，充分体现出服装设计的专业性；服装款式设计图应以品牌服装企业的设计要求，体现出较专业的设计能力；案例分析应具有典型性、专业性和细节性特点，体现出较高的服装专业水平。上述要求贯穿于全书写作。

机缘巧合，尘埃落定。我们有幸与三所学校八位作者合作，从2015年12月至2017年3月四本专著分别完成交稿，期间从广州大学城（广州大学）的第一次定稿到中期的多次修正，以及后期不断重复的调整，一次次的研讨、探索与争论，蕴含着多少不为人知的故事，给我们留下了难忘的回忆。非常感谢八位教师、设计师作者的合作，与大家分享精彩的创作经验和设计历程，给我们带来的是在时尚设计中如何妙手丹青，如何让现代男装设计煜煜生辉，带来了经典与时尚中全系列的男装设计作品。

我们认为任何一件成功的作品，其创新往往是起到决定性的作用，好的创新不是对过去的重复，而是强调新的突破，它带有原创性、开创性的特点。从成功的案例中不难看出，好的创新一定能出人意料、标新立异、与众不同，好的创新又一定与成衣设计、与生活相结合，既符合现代审美情趣又适合市场发展的需求。首先，它建立在正确的思想指导下寻求创新的方法与思路，以求达到最大限度上的完美效果；其次，它建立在作者知识积累的基础上，是作者思维能力、艺术修养的综合反映。我们现在正处在一个提倡中国制造走向中国智造的年代，理念需要创新，科技需要创新，时尚艺术当然也离不开创新。

我们组建的男装系列设计丛书著作团队，正是基于这种思想和态度，群策群力，在教学与时尚设计实践中相互穿插、相互依存、相互促进，在创作中不断开拓、不断深入，力求达到创新与实用互助。

历时15个月的奋斗不息，四本男装设计专著终于画上完满的句号！

每本专著的设计都有着与众不同的设计风格，而最激动人心的是能够探索每一个蕴藏在设计理念下所展示出的真正风貌。但愿这套丛书能受到大家的欢迎，以及为服装市场带来更多、更好的设计作品。

主　编　陈贤昌 曾 丽

2017年6月8日于广州

目　录

第一章

款式设计概述

衬衫概述

衬衫是指贴身穿在外套里面的单衣，也称为衬衣。早在我国周朝时就已出现作为内衣的衬衣的雏形，而在公元前 16 世纪到公元前 18 世纪的古埃及也已经有了同样作为内衣穿着的最早的衬衣。在 16 世纪的欧洲，由于受到华丽审美风气的影响，人们都将作内衣贴身穿着的衬衣的袖口露出于外衣若干厘米，让漂亮的袖口得到充分的展示。而真正现代衬衫的角色，从贴身内衣到中衣的演化，要到 17 世纪后期，男性服装中出现了上衣和马甲，出现了衬衫在马甲里面、上衣中间的穿法。此时，领子和袖口都完全从上衣中展露出来，形成了基本的穿衣风格。在当时的上流社会中，保持衬衫的清洁，穿雪白衬衫，被认为是绅士的尊贵身份象征。衬衫发展到今天已经成为大众化的服饰，无论各个阶层或不同工作类别的男性服装都缺不了它，是装饰正装必不可少的亮点部件。

一、衬衫款式分类

衬衫分类方式有很多，通常从几个大的方向上来分类。比如按照穿着场合用途，可以简单划分为正装衬衫、便装衬衫、家居衬衫、度假衬衫四大类，或者商务型、休闲型和时尚型三类；按照不同的袖头还可以分为长袖男装衬衫和短袖男款衬衫；从图案上也可以分为净色、印花、格子面料等，围绕这些分类方式的设计在本书后面的章节都有大量详细的案例分析。在此，就以领型和面料分类为代表举例说明。

对男士衬衫来说，最考究的就是领子，虽然领子在整体中所占的面积比例不大，可是它最靠近人的脸部，给人留下强烈的视觉印象。领子的大小、式样、质量直接关系到衬衫的整体效果。 男装衬衣可以分为以下几种领型：

1. 敞角领

也叫宽角领，左右领子的敞开夹角比标准领大，一般在 120°～180° 之间。领座也略高于标准领，一般与英国式的西服相搭配。

2. 钮扣领

领尖以钮扣固定于衣身的衬衫领，带有典型的美国风格，原是运动衬衫，现在也作为西服衬衫着用。

3. 温莎领

也叫一字领，左右领子的角度在 170°～180° 之间。这是敞角领的一种极端发展状态。

4. 长尖领

同标准领相比，其领尖较长，多用作具有与古典风格的礼服搭配穿着，通常为白色或素色，部分带简洁的线条。

5. 立领

只有领座部分而没有领页，领座直接立起，形似带子，又称中式领。这种领子一般不系领带，多用于搭配轻松活泼的休闲西服。

6. 礼服领

又称单领，也叫翼形领。立领的前领尖处向外折翻小领页，形似鸟翼而得名，通常用于燕尾服、晨礼服、塔克西多等礼服配套，一般系蝴蝶结而不系普通领带。

衬衫的面料通常分为以下几种：

1. 羊毛面料

柔软，保暖，质地厚实，易皱，易变形，易虫蛀，易缩水。通常在秋冬季时穿着。

2. 涤棉面料

不易变形，不易皱，不易染色或变色，质感较硬，穿着不如纯棉衬衫舒适。市面上有着按照棉和涤纶的不同比例混纺的涤棉面料。

3. 纯涤纶面料

不易变形，不易皱，但穿着不舒适，质感硬，视觉质感较差。

4. 亚麻面料

穿着舒适，柔软，吸汗，易变形，极易皱，易染色或者变色。视觉质感优良，是衬衫面料中的贵族。

5. 纯棉面料

亲肤，不产生静电，无起毛现象。穿着舒适，手感柔软，吸汗吸水，透气，但极易皱，易缩水，易变形，抗酸性差，易染色或者变色。纯棉面料也分为普通纯棉面料和高密纯棉面料，后者具有一定的抗皱效果，但是依然易皱。纯棉面料所用棉线的粗细及织法不同，制成的衬衫大不一样，触觉和视觉效果也各异。

6. 青年布

竖向用染色棉线、横向用白棉线织成的轻薄棉质衬衫衣料。淡而柔和，稍带光泽，最常见的是蓝色棉线和白色棉线的组合。

7. 牛津布

这是钮扣领衬衫常用的衣料，纹路较粗，颜色有白、蓝、粉红、黄、绿、灰等，大都为淡色。柔软，通气，耐穿，深受年轻人的喜爱。

8. 条格平布

用染色棉线和漂白棉线织成的衬衫衣料。配色多为白与红、白与蓝、白与黑等。既可用作运动衬衫，也适宜于礼服衬衫。

9. 细平布

最常见的衬衫衣料，通常为白色，所用棉线越细，手感越柔和，高级的细平布接近丝绸的感觉，由其所制衬衫多用于需穿着礼服等盛装场合。

10. 真丝

弹性好，垂悬性好，透气及吸水性好，光泽柔和，具有防皱免烫功能，易虫蛀。

11. 棉与高性能纤维混纺面料

免烫易整理，洗涤方便，穿着舒适，既有棉的吸汗透气功能，又有高性能纤维的优良性能。

12. 夹丝面料

光滑，手感轻柔，弹性好，耐用，易洗易干，容易起静电。

二、衬衫品牌

目前国内男装市场上有很多男装衬衫品牌，商务型的衬衫代表品牌如安正、雅戈尔、九牧王。休闲型的衬衣代表品牌如 Timberland、暇步士、Jeep 等。时尚型衬衣的代表品牌，如 GXG、杰克·琼斯、trendiano 等。

在国际上知名的男装衬衫品牌有乔治·阿玛尼（Giorgio Armani）、爱马仕（Hermes）、夏尔凡（Charvet）、H&H（Harvie & Hudson）、杰尼亚（Ermenegildo Zegna）、先驰（Davide Cenci）等，一些国外著名的体育运动品牌，如耐克、阿迪达斯、卡帕、匡威以及彪马等，也推出了自己的休闲系列衬衣，适合休闲运动场合穿着，受到消费者热烈追捧。

T 恤概述

T 恤，最初是属于男人的专利，是干粗重体力活工人穿用的内衣。17 世纪中期，美国安那波利斯港口装卸茶叶的码头工人为减少开支、便于劳作，经常穿一种宽松简洁、贴身灵便的短袖衫搬运装卸货物，据说这就是 T 恤的最初发源。由于 TEA 和 TEE 谐音，故有 TEE（TEA）–shirt 一说，后将这种衬衫写成"T–shin"，或者"TEE"。这种款式的服装对当时来说，只是码头工人一种随意性很强的贴身内衣。到了 1930 年，水手们常爱穿着这种自由惬意又看不出任何身份的 T 恤出海远航，这就成为了最早的水手衫。从这个时期开始，人们开始尝试把 T 恤穿在外面。到了 20 世纪 50 年代，随着电影明星和超级歌星把时尚流行元素符号带入广大消费者的视线，穿着 T 恤也在那时成为时髦的象征，并在 70 年代形成了大规模的流行风潮，随后逐步扩展到全世界范围。

作为男装设计中相对简单的服装类型之一的男装 T 恤发展到今天，考验着设计师的创意思维和打版师的打版水平。通常来说，T 恤的款式设计以简洁为主，它既是可以自由搭配西装或裤装的大众衫，又是个性张扬的文化衫，为各类族群发声代言。通过图案设计变化直接反映各类人的精神风貌、兴趣习惯、秀出个性。T 恤已成为个人化的艺术作品，反映了激情、个人主义和商业文化，是全世界通用的服装艺术语言。

一、T 恤的分类

T 恤可以从穿着场合用途、面料材质、衣领款式、印花工艺等方面来进行分类。例如，从穿着场合用途来分，可以细分为以下几种类型的 T 恤：

1. 商品 T 恤

即以社会消费者为对象进入常规商品流通渠道的 T 恤。

2. 广告 T 恤

以承载广告为目的的 T 恤，属于广告媒体的一种，其内容可以是商业广告，也可以是政治广告、公益广告等。

3. 旅游 T 恤

旅游 T 恤在国外旅游纪念品市场具有相当的地位，凡旅游观光地、名胜古迹、人文景观必伴有大量的旅游 T 恤和 T 恤店。旅游 T 恤是最能体现民族文化、地域文化、风土民情、自然景观文化和政治历史文化的了。

4. 社团 T 恤

大到国际性的社会团体组织，小到一支球队、乐队，拥有自己的 T 恤总是让人感到自豪。

5. 主题 T 恤

重大历史题材、文化娱乐项目、政治活动、名人趣事也会在 T 恤上体现，以满足人们的参与欲望和纪念情感共鸣。

6. 品牌 T 恤

如市面上流行的品牌服饰等。

7. 运动 T 恤

主要用于一些体育竞技场合。

T 恤从面料上可以分成棉麻类、丝类、针织纤维混纺类等。以下是各种面料特点来划分的 T 恤类型：

1. 纯棉

休闲 T 恤多采用普通纯棉面料，这种面料的 T 恤穿着舒适，但挺括性稍差。

2. 涤棉

涤棉 T 恤手感柔软略厚，穿在身上较闷，容易起球。

3. 丝光棉

丝光棉面料以棉为原料，经精纺制成低线密度的纱，再经烧毛、丝光等特殊加工工序，制成光洁亮丽、柔软抗皱的高品质丝光纱线。以这种原料制成的高品质 T 恤，不仅完全保留了原棉优良的天然特性，而且具有丝一般的光泽，手感柔软，吸湿透气，弹性与垂感颇佳；加之花色丰富，穿起来舒适而随意，能体现出穿着者的气质与品位。

4. 柔光纤维

以国际最先进的"喷压纺纱法"制造出"雪花"系列的柔光纤维面料制成的 T 恤，在炎热的夏季穿着轻盈凉爽不黏身，而且容易打理，洗涤后可免烫，能长久保持衣服外形不走样，感觉如丝绸般轻柔华丽。

5. 纯棉针织双丝光面料

针织双丝光面料是"双烧双丝"的纯棉产品，以经过烧毛、丝光而成的丝光纱线为原料，引用 CAD 电脑辅助设计系统和 CAM 电脑辅助生产系统，快速地织出设计的花型面料，对坯布进行再次烧毛、丝光，进行一系列整理后，生产出此高档针织面料，其布面纹路清晰，花型新颖，光泽亮丽，手感滑爽，比丝光棉更胜一筹，但由于要进行两次丝光整理，价格稍贵。

6. 各种合成纤维面料

这类面料充分体现现代高新科技所带来的优点，采用不同的化纤纤维与纯棉纤维复合织造而成，在吸湿、导汗、保暖、抗菌、光泽、手感等诸多性能上，优于天然的纯棉面料。它具有丝绸般的华丽光泽与质感，又有极佳的垂悬性与飘逸感，有些面料还具有天然的优良抗菌保健效果，代表了未来的针织服装发展潮流，被誉为"人体空调衣"。针织面料很多属于这一类型，如醋酸纤维（Acetel）针织面料、莫黛尔（Modal）纤维针织面料、强捻精梳纱针织面料、Coolmax 纤维针织面料、再生绿色纤维 Lyocel 针织面料、闪光针织面料等。

7. 苎麻面料

麻织物具有光泽好、质地轻、强度高、吸湿散湿快，并含人体保健成分等特性。经精细处理的麻服饰，一方面悬垂挺括、晶莹洁净，满足了人们对服饰的审美要求，另一方面较好地体现出麻服饰透气性强、抗菌保健、品质上乘等优良性能。但苎麻面料的 T 恤较少，而且价格较高。

T 恤根据领子设计的不同，也可以划分为圆领、立领、方领、一字领、U 型领、半开襟、连帽、polo 衫类型等，好的领子在制作上一定是要加氨纶丝，这样会比较有弹性，以防在洗过多遍以后塌下来变形走样。

从色彩上分，可以分成净色类、格子类、印花类；从结构上分，可以分为长袖 T 恤、短袖 T 恤等。

以上分类方法此处不再赘述，将在以后的章节中——举图例说明。

二、T 恤品牌

目前国际市场上比较出名的 T 恤品牌有：保罗（Polo by Ralph Lauren）、鳄鱼（LACOSTE）、佐丹奴（GIORDANO）、李维斯（Levi's）、耐克（Nike）、阿迪达斯（Adidas）等。国内比较出名的男装 T 恤品牌有李宁（LI-NING）、海澜之家、七匹狼、红豆、梦特娇等。

第二章

设计案例分析

衬衫案例分析 1：宴会正装衬衫

1. 款式特点：燕子领，一般根据个人不同的气质和喜好选择搭配领结；法式袖口，可以巧妙地利用袖扣彰显个性。

2. 面料特点：通常为纯色棉府绸、细平布。

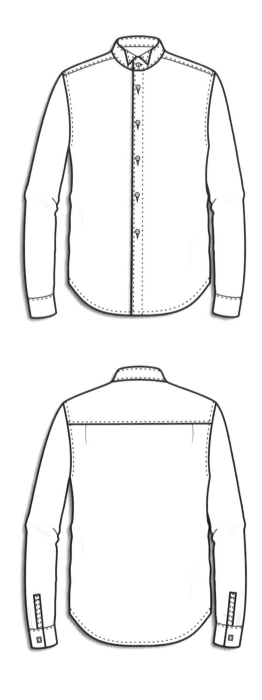

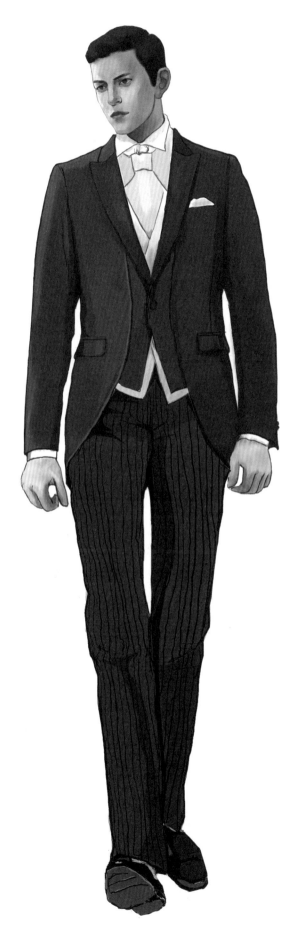

衬衫案例分析 2：商务正装衬衫

1. 款式特点：商务衬衣款式较简洁，多搭配较为正式的西服。该款为最常见的衬衫领，领子张开角度为 76°。不受流行的影响，款式比较稳定，也不受年龄和脸型的限制，应用范围广。尤其适合工作时穿着。

2. 面料特点：使用纯色或格子图案的棉府绸、细平布、条格平布等。

衬衫案例分析 3：休闲衬衫

1. 款式特点：款式结构简洁，为传统的小方领衬衣。
2. 面料特点：多采用涤棉或纯棉印花面料。

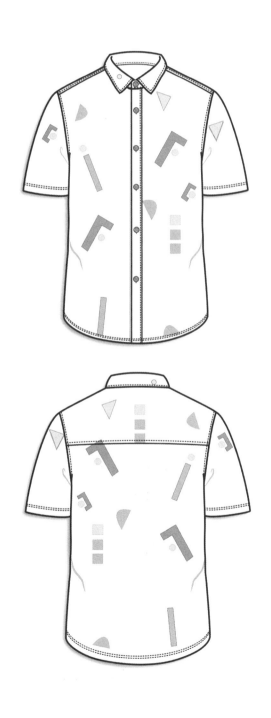

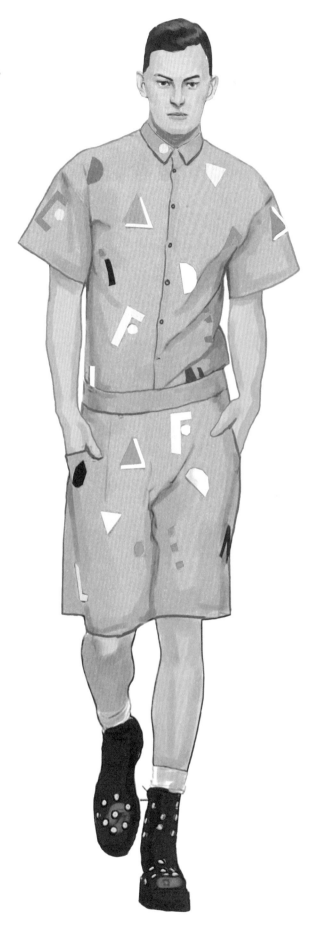

衬衫案例分析 4：商务衬衫

1.款式特点：该款衬衣为敞角领衬衣。领开度在 120° ～ 180° 之间，不及礼服正装衬衣严谨，但相对于休闲衬衫又略为正式。配领结有种复古、精致而又活泼的趣味。

2.面料特点：一般采用纯色、格子图案纯棉织物或牛津布。

衬衫案例分析 5：休闲衬衫

1.款式特点：该款为常见的时尚圆领衬衣。

2.面料特点：一般采用青年布或牛津布。

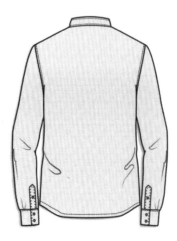

衬衫案例分析 6：休闲衬衫

1. 款式特点：为传统中方领，前胸及领部使用拼色面料。
2. 面料特点：一般采用含棉混纺面料。

衬衫案例分析 7：休闲衬衫

1. 款式特点：该款为立领印花衬衣，领部有带状设计，可以随意创作打领结的方式。
2. 面料特点：较多采用棉府绸。

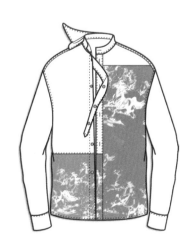
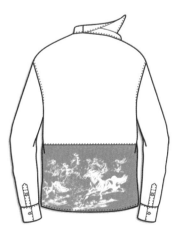

T恤案例分析1：中袖时尚T恤

1.款式特点：宽松中袖带肩部袖片以及衣襟下摆印花，内搭长袖衬衣，露出衣袖，下配九分休闲裤，具有层次感，较强趣味性。

2.面料特点：纯棉面料，具有透气、柔软、舒适、凉爽、吸汗、散热等优点。

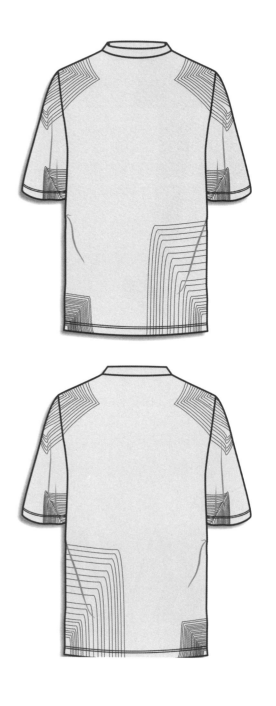

T恤案例分析2：印花长袖T恤

1.款式特点：印花插肩袖圆领袖T恤是秋冬季节男士休闲服饰着装的首选，数码印花色彩鲜艳、精度高、图像细腻，拼色设计更显时尚。

2.面料特点：通常为聚酯纤维或纯棉面料，适合贴身穿着，吸湿透气性好。

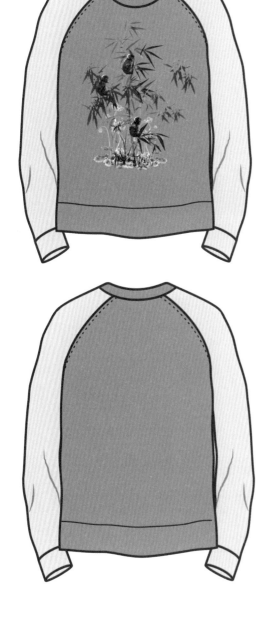

T 恤案例分析 3：菱纹针织 T 恤

1. 款式特点：圆领菱纹套头针织 T 恤偏商务休闲
风格，搭配衬衣和牛仔裤穿着，是当下比较流行
的英伦风穿搭方式。
2. 面料特点：面料通常为羊绒，具有良好的弹性，
保暖抗寒。

T恤案例分析4：拼接短袖T恤

1.款式特点：经典的基本款拼接短袖T恤，通过绿色与白色的拼接，凸显年轻时尚，易搭配。

2.面料特点：通常为纯棉、涤棉、莱卡棉丝光棉等，穿着舒适，吸湿透气性良好。

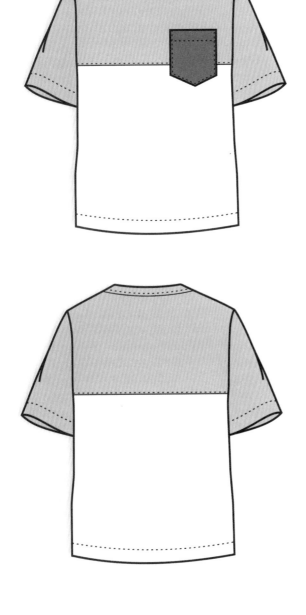

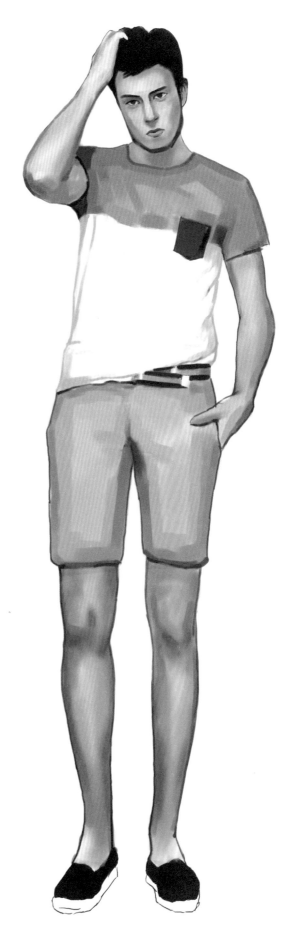

T恤案例分析5：条纹长袖T恤

1. 款式特点：此款为经典蓝色条纹海军风格针织长袖T恤，圆领长袖修身款式，蓝白条纹适合搭配休闲裤、牛子裤等，体现时尚简约感。
2. 面料特点：面料通常为粘纤、纯棉面料，穿着舒适透气。

T恤案例分析 6：印花长袖 T恤

1.款式特点：圆领套头衫胸前呈现出丰富的层次感，黑色、灰色、橘色、蓝色撞色的混搭使得整体着装色彩保持协调。
2.面料特点：质地柔软，有良好的抗皱性与透气性，并有较大的延伸性与弹性穿着舒适。

T 恤案例分析 7：长款圆领印花 T 恤

1. 款式特点：此款为长款印花 T 恤，印有橘红色动物纹样的装饰图案，适合搭配修身款裤型，具时尚感。

2. 面料特点：通常为纯棉面料，具有良好的吸湿透气性。

经典款式衬衫设计赏析 1

款式特点：这是一款商务修身白衬衫，使用涤棉面料，挺括不易起皱。设计简洁大气，干练洒脱。棱角分明的小方领设计，彰显男士的硬朗气质。

经典款式衬衫设计赏析 2

款式特点：这是一款宴会立领衬衣，使用纯棉面料，衣身版型修身，弧形底摆，搭配蝴蝶领结，设计简洁，儒雅大方。

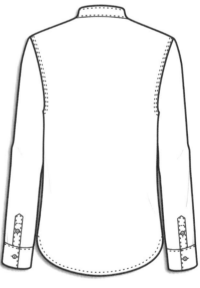

经典款式衬衫设计赏析 3

款式特点：这是一款经典格子衬衫，使用棉质面料，经典翻领，加上后背的一字褶设计，精致有型。弧形下摆设计，展现挺括身材，小格子图案的使用令商务休闲两相宜。

经典款式衬衫设计赏析 4

款式特点：这是一款立领修身衬衫，使用纯棉面料，立领设计给这件衬衣带来了独特的韵味。采用经典大气的版型和时尚双层缝线设计。

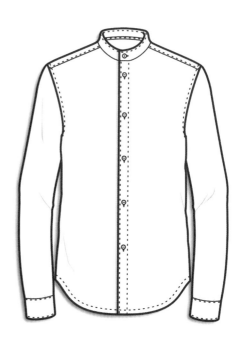

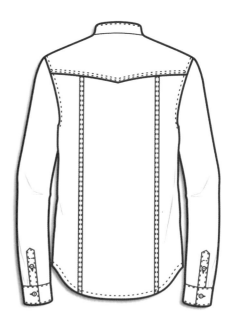

经典款式衬衫设计赏析 5

款式特点：这是一款休闲宽松衬衣，使用牛津纺面料，百搭工装多袋设计，整件设计双锁边走线，不易变型。

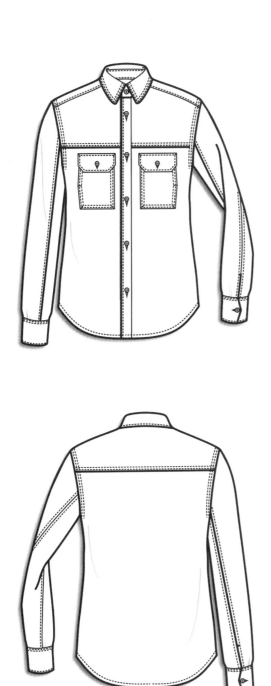

经典款式衬衫设计赏析 6

款式特点：这是一款中袖衬衣，使用棉麻面料，五分袖的设计，袖子可挽起，肩部采用双色拼接，后背压装饰线以增加细节。

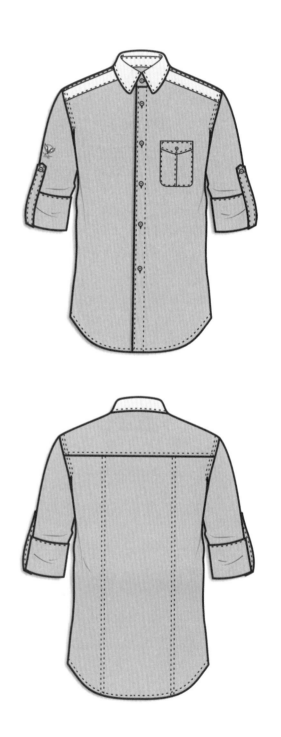

经典款式衬衫设计赏析 7

款式特点：这是一款印花衬衣，使用纯棉面料，翻领设计挺括有型，胸前采用印花喷绘，背部领子下采用与前面相呼应的印花喷绘。

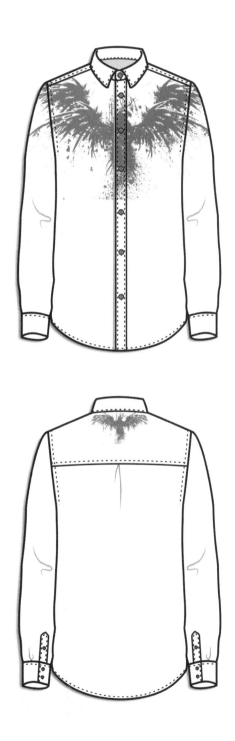

经典款式衬衫设计赏析 8

款式特点：这是一款立领方格衬衣，使用涤棉面料，立领更好地修饰了颈部曲线，这件衬衫加入了经典的方格元素，使整体设计更加丰富。

经典款式衬衫设计赏析 9

款式特点：这是一款休闲修身衬衣，使用纯棉面料，扣领设计自然挺括，弧形袖口用两粒扣调节，弧形的下摆剪裁精细。

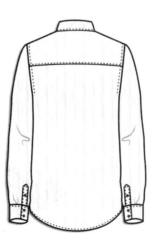

经典款式衬衫设计赏析 10

款式特点：这是一款印花休闲修身长袖衬衫，使用纯棉面料，整件衬衫运用满版印花，翻领挺括有型，衣服的下摆采用圆弧设计，时尚大方，体现休闲中的时尚。

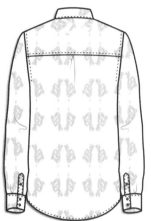

经典款式衬衫设计赏析 11

款式特点：这是一款趣味拼贴衬衣，使用纯棉面料，净色翻领挺括有型，衣服前身采用趣味拼贴，舒适的袖口贴合手腕部。

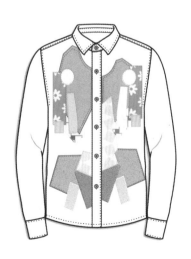
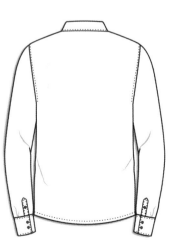

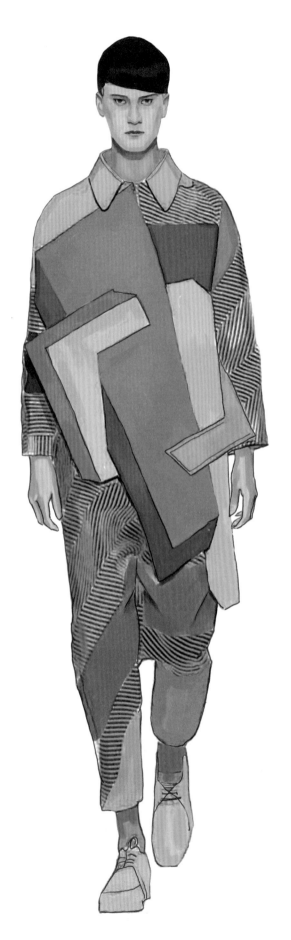

时尚款式衬衫设计赏析 1

款式特点：这是一款撞色拼接衬衣，不规则廓型如同进入二维空间，富有层次感的冷暖对比色与几何裁片的结合，充满青春活力。

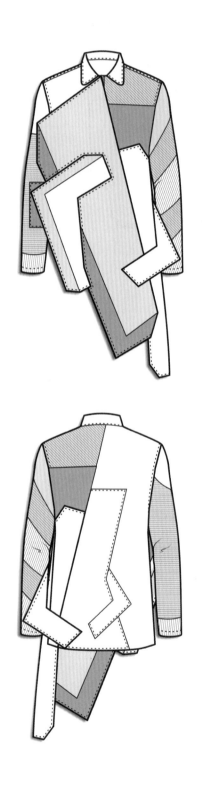

时尚款式衬衫设计赏析 2

款式特点：这是一款数码印花衬衣。使用府绸，富有光泽，很好地展现了高饱和度的印花图案，如同油画般细腻。挺直的方领，简单的门襟，干净利落的款式更好地延续了印花图案。

时尚款式衬衫设计赏析 3

款式特点：这是一款拼接衬衫。蝙蝠式的落肩自然修饰肩部线条，营造随意氛围。夸张的尖领、喇叭袖口与棱形下摆彰显个性。

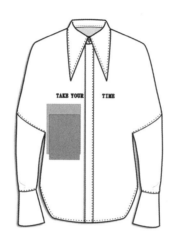
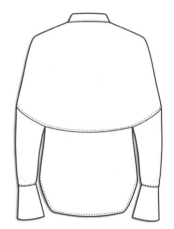

时尚款式衬衫设计赏析 4

款式特点：这是一款蝙蝠袖衬衣，喇叭袖型配合宽松版型，不规则下摆带有节奏感，整体设计潇洒飘逸。

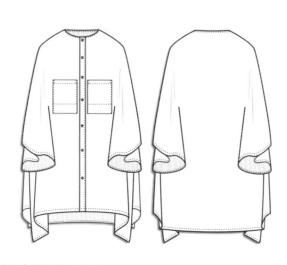

时尚款式衬衫设计赏析 5

款式特点: 这是一款中袖飘带拼接衬衣。领子拼接撞色长飘带，造型多变。采用中袖设计，简洁不拖沓，款式简单不失个性。

时尚款式衬衫设计赏析 6

款式特点: 这是一款不规则口袋拼接衬衣。中长门襟设计复古儒雅，不规则贴袋增添空间层次感，整体沉稳大气。

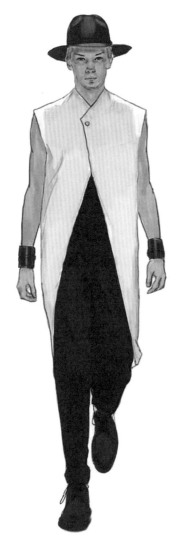

时尚款式衬衫设计赏析 7

款式特点：这是一款极简无袖衬衣。白色配合极简的无袖开衩式衬衣，无需再添设计，如同凛冽的冰山，冷酷坚硬。

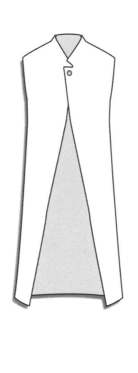
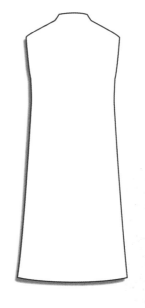

时尚款式衬衫设计赏析 8

款式特点：这是一款不规则拼接衬衣。版型宽松，不规则的领型与衣摆，加长的袖子与衣身，充满慵懒浪漫之感，舒适随意。

时尚款式 T 恤设计赏析 1

款式特点：这是一款针织套头卫衣。卫衣采用蝴蝶纹样毛线绣花装饰手法，复古的元素结合经典的造型，突出针织卫衣的时尚感。

时尚款式 T 恤设计赏析 2

款式特点：这是一款中长款长袖 T 恤。大面积的民族元素印花与棕色、黑色的拼接结合出轻松、复古的状态。

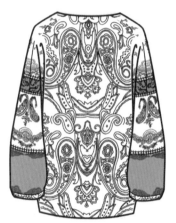

时尚款式 T 恤设计赏析 3

款式特点：这是一款经典的套头卫衣。领口、袖口、下摆都使用罗纹设计，衣身上有带手绘效果的数码印花，给整件衣服增加了时尚前卫感。

时尚款式 T 恤设计赏析 4

款式特点：这是一款高领宽松套头卫衣。宽松高领加侧开襟设计，打破了经典卫衣的常规感。大小不一的印花图案给简单款式的卫衣增加了空间节奏感。

时尚款式 T 恤设计赏析 5

款式特点：这是一款针织套头卫衣。落肩袖的设计修饰出肩部自然的线条，同时配上假两件的设计可以轻松搭配出具有层次感的效果。

时尚款式 T 恤设计赏析 6

款式特点：这是一款经典款的圆领套头卫衣，设计上主要运用诙谐幽默的图案，体现服装的个性化和趣味性。

时尚款式 T 恤设计赏析 7

款式特点：这是一款圆领套头卫衣，使用的面料是聚酯纤维。设计上大胆运用撞色、字母印花，将街头风格与复古时尚很好地结合在了一起。

休闲款式 T 恤设计赏析 1

款式特点：经典圆领，贴合颈部，修饰面部线条，
轮廓简洁利落，非常休闲随意。纯棉珠地面料平滑，
柔软亲肤。穿着非常舒适不拖沓，撞色的条纹给
人眼前一亮之感。

休闲款式 T 恤设计赏析 2

款式特点：此款简洁百搭。采用纯棉面料，舒适度、透气度强，是内搭的必要单品。

休闲款式 T 恤设计赏析 3

款式特点：采用带弹力的纯棉珠地网眼面料，透气、散热、舒适性好。黑白撞色细条纹彰显复古气质，版型宽松，英伦韵味中带点街头气息，款式经典百搭。

休闲款式 T 恤设计赏析 4

款式特点：基本款，采用高品质的纯棉珠地长纱线面料，柔韧度及细腻度佳，透气性强，简约贴身，穿在身上舒适休闲。

休闲款式 T 恤设计赏析 5

款式特点：版型简约，V 领的设计给人眼前一亮，休闲不失时尚。使用柔软的针织面料，舒适、随意、百搭。

休闲款式 T 恤设计赏析 6

款式特点：此款为几何色块拼接 T 恤，鸡心领型，长袖设计。版型简洁大方，时尚舒适。

休闲款式 T 恤设计赏析 7

款式特点：此款采用透气吸汗的珠地针织面料，舒适度高，带有挺拔正统 GOLF POLO 衫观感。合身的剪裁，无论是休闲还是商务搭配都得心应手。

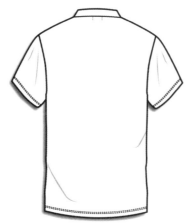

第三章

款式图设计

衬衫篇

1. 经典款式

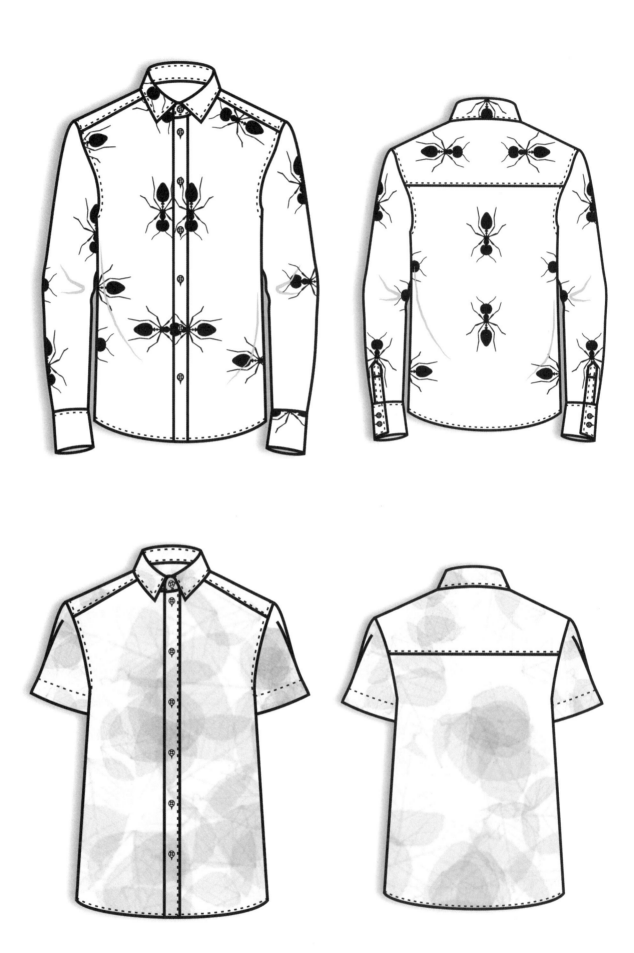

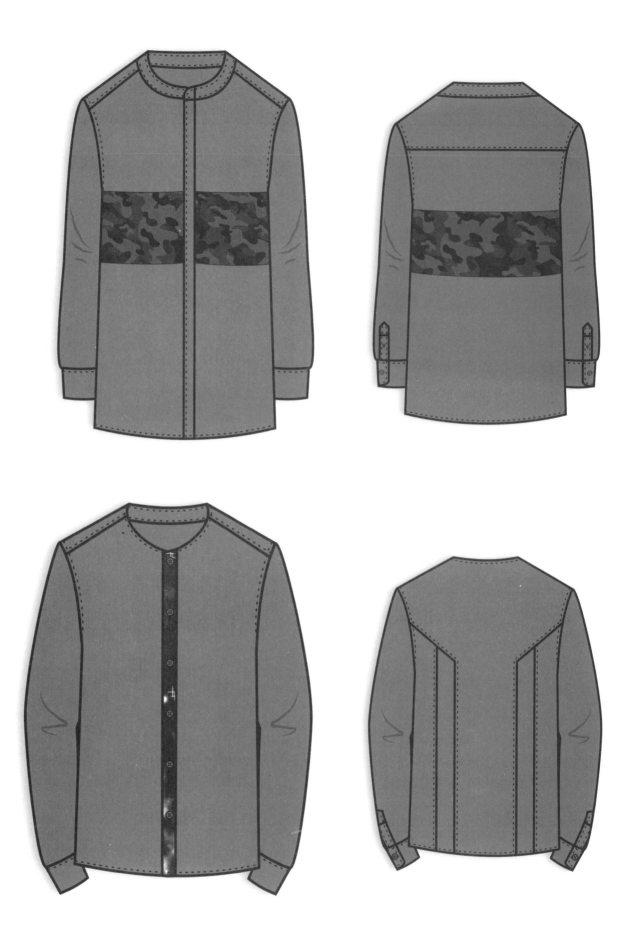

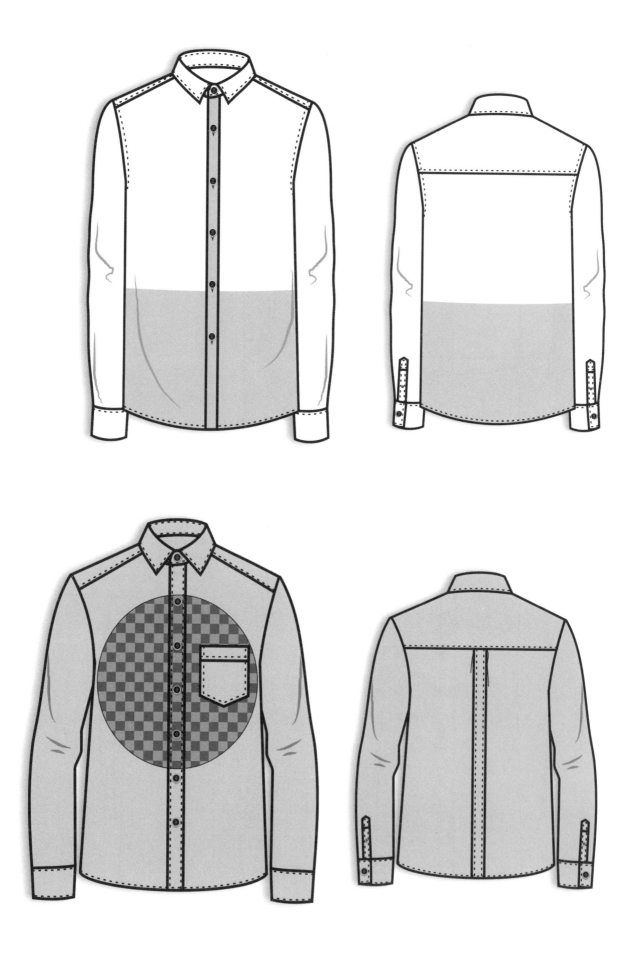

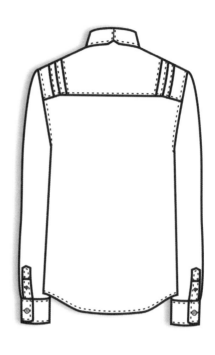

2. 时尚款式

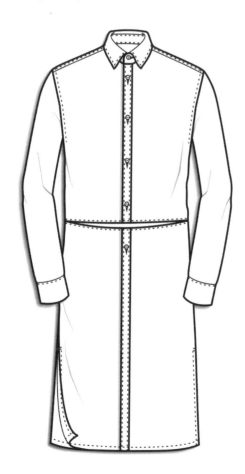
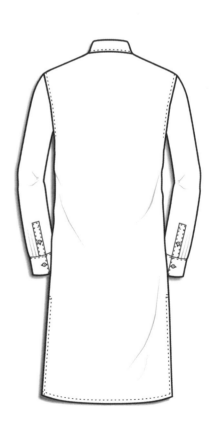

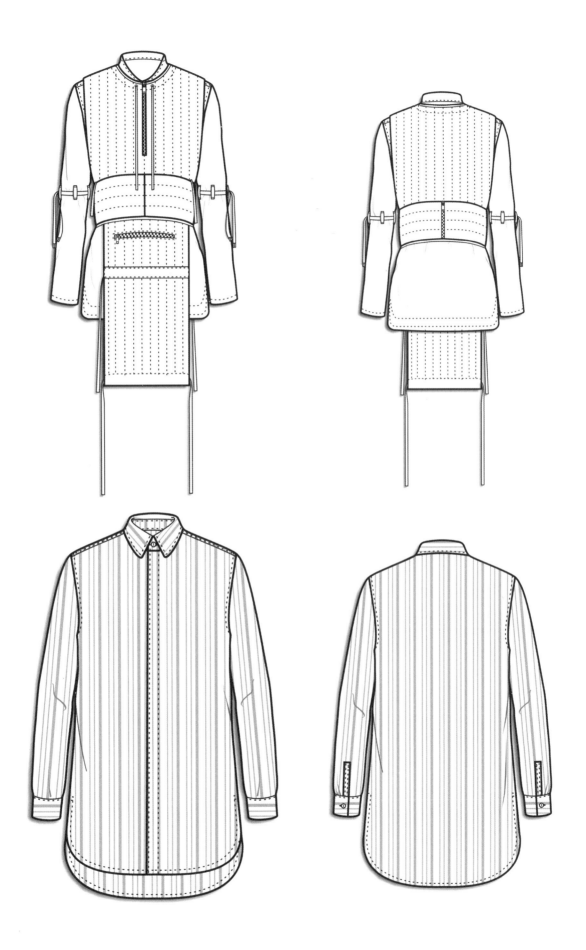

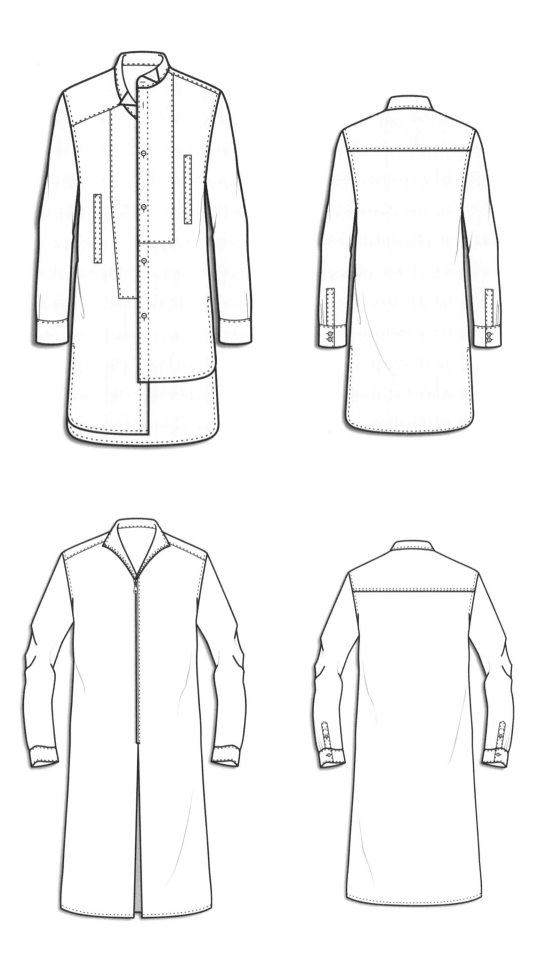

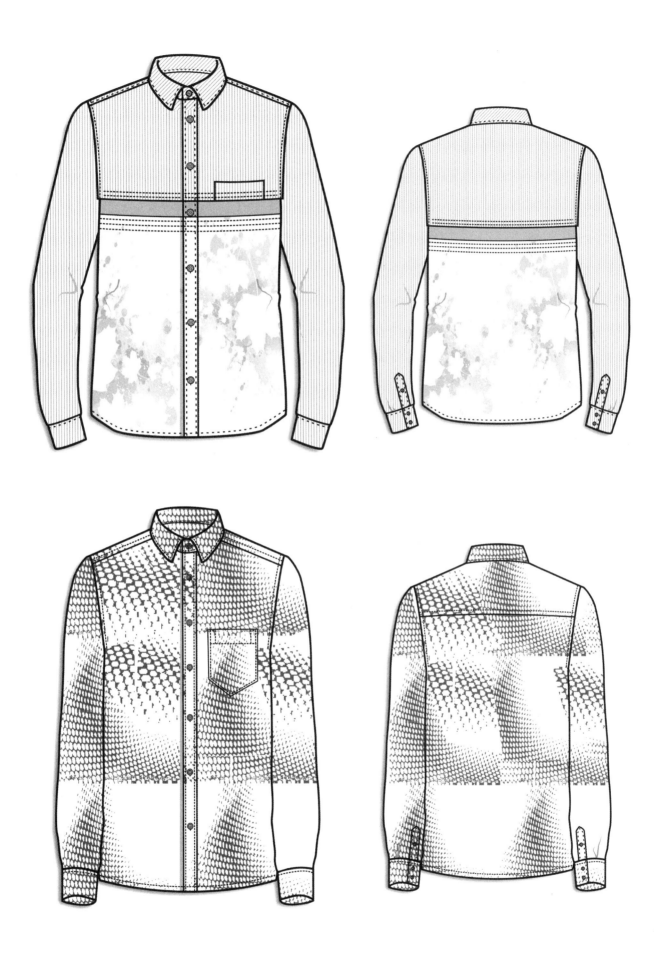

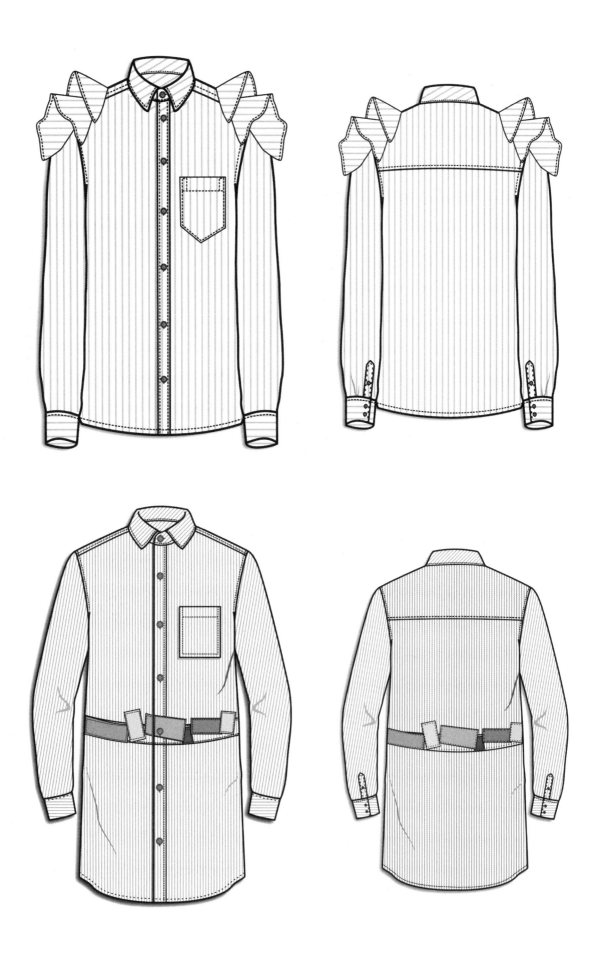

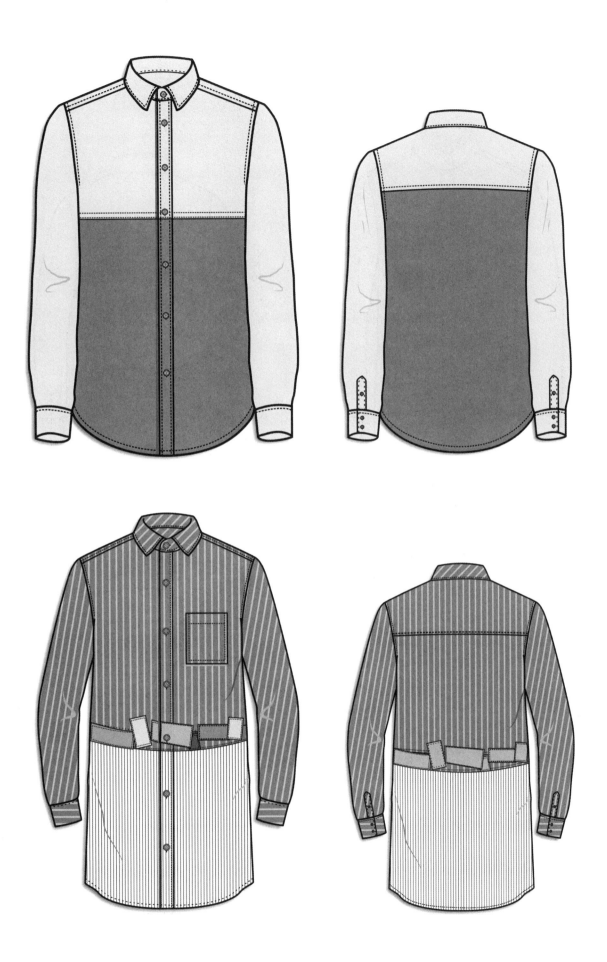

3. 立领款式

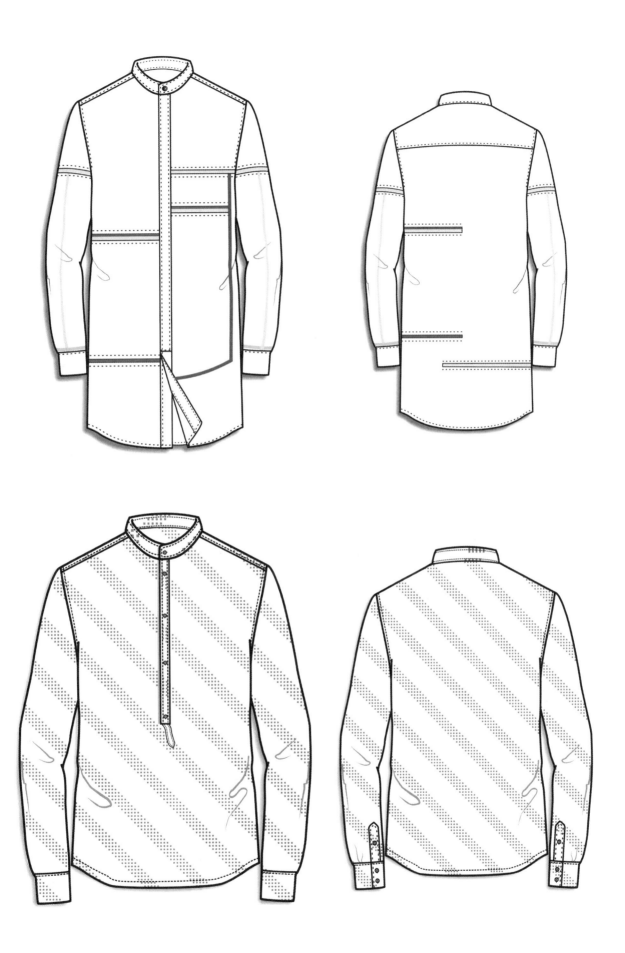

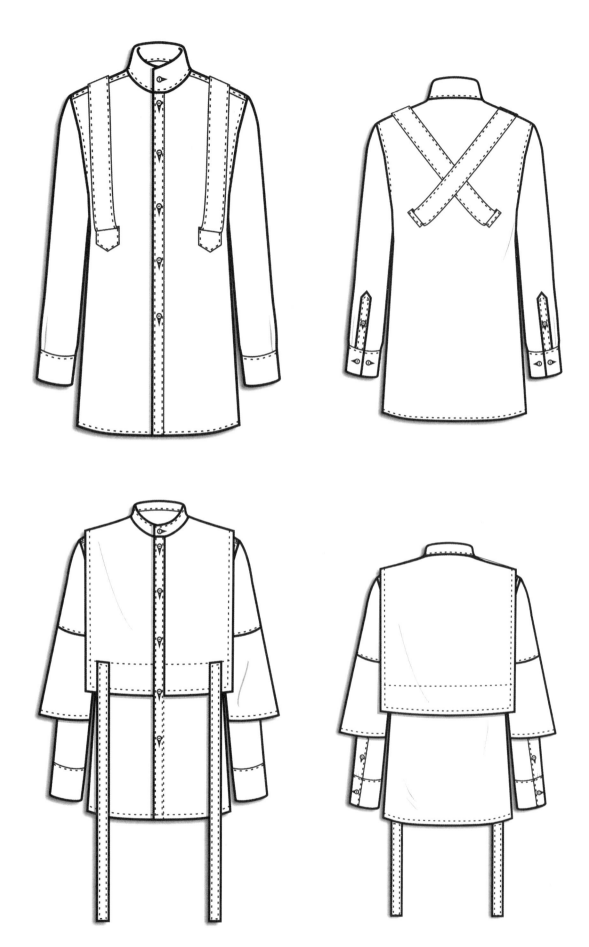

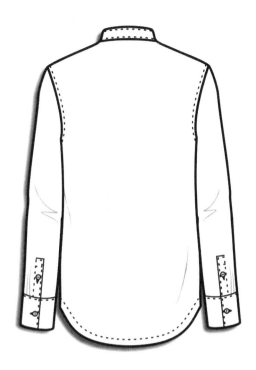

4. 镂空款式

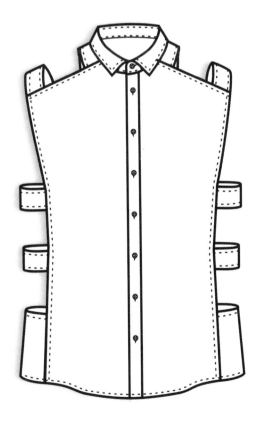
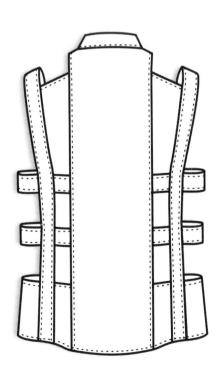

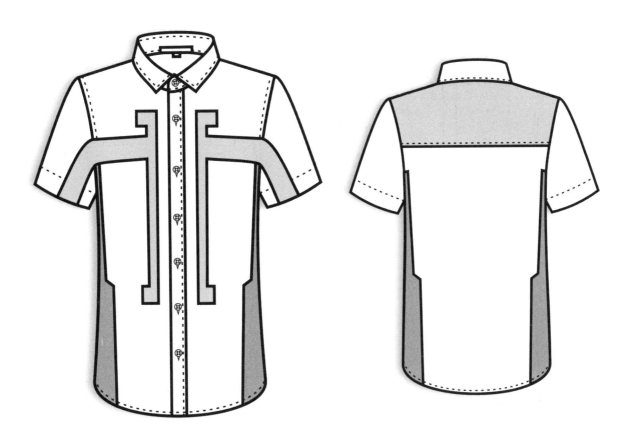

5. 拼接款式

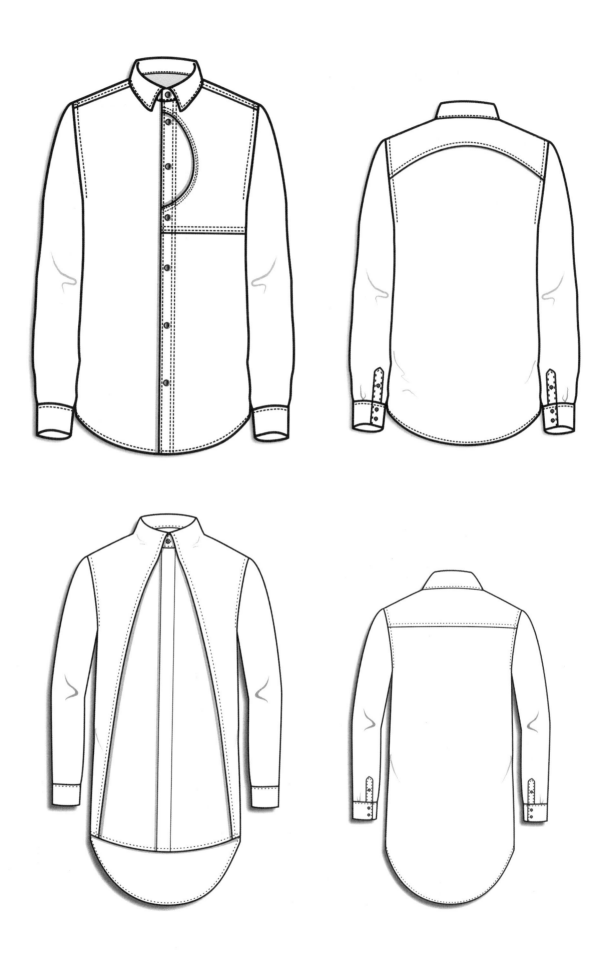

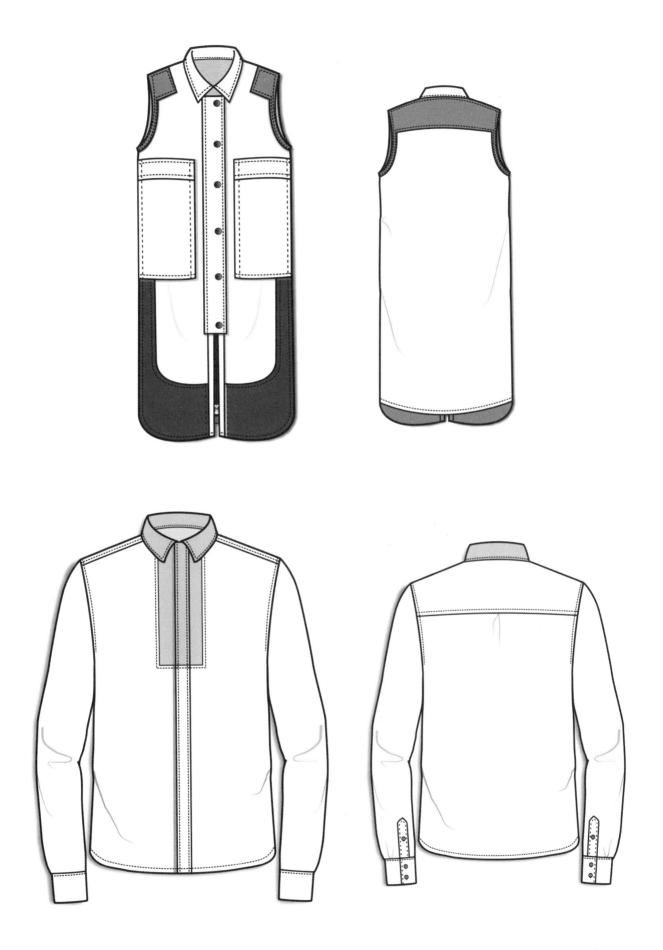

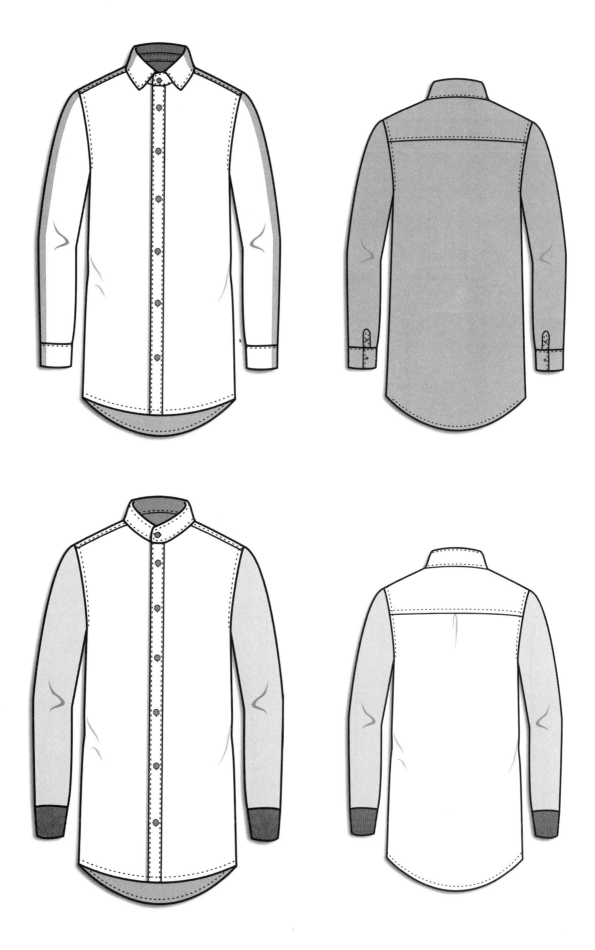

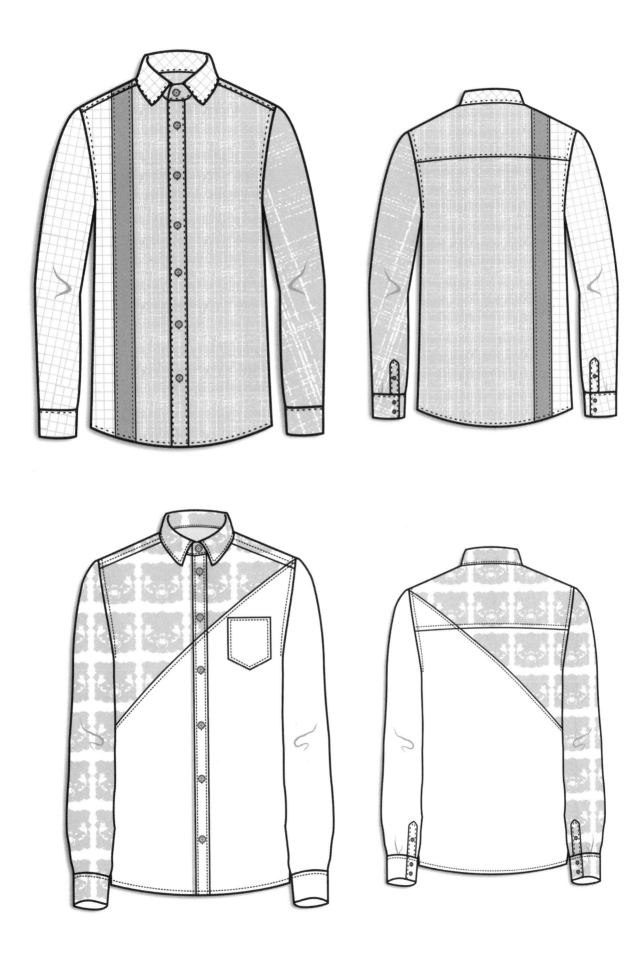

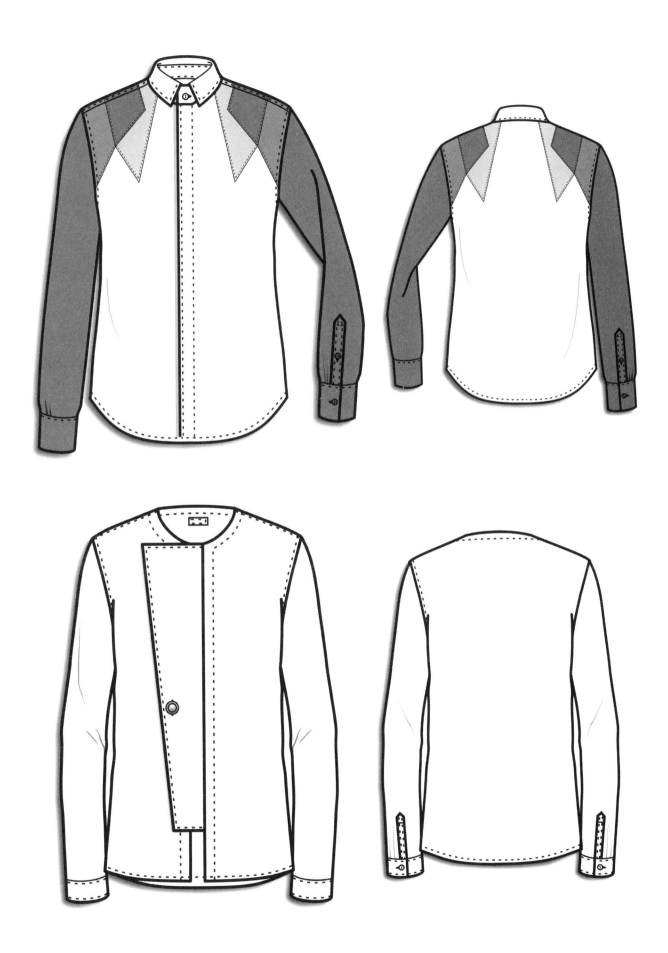

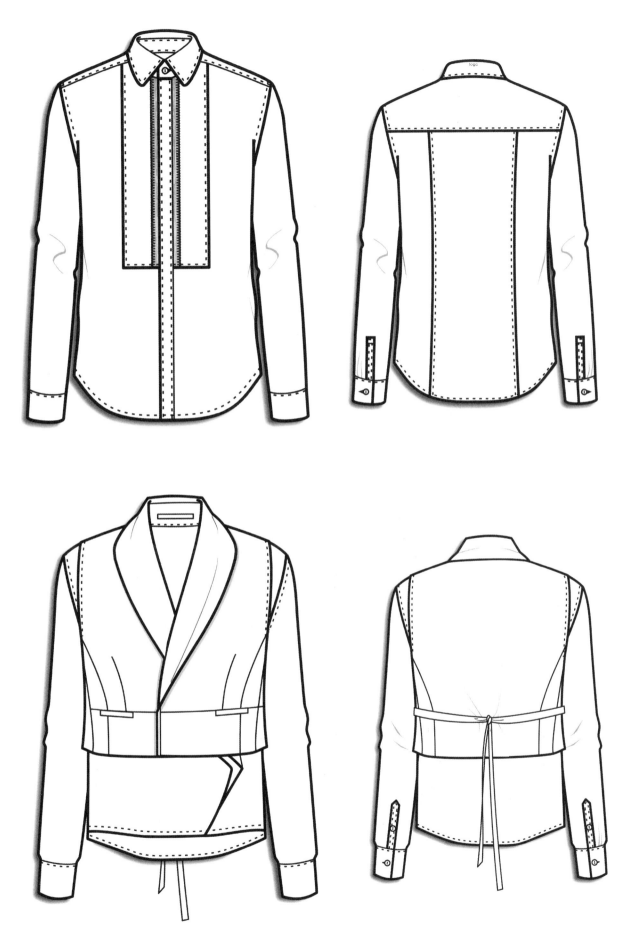

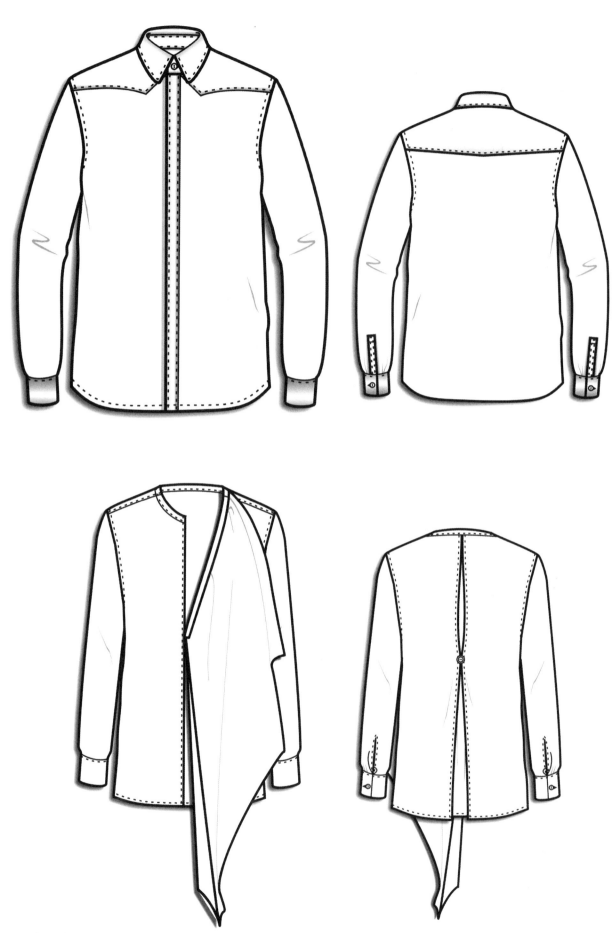

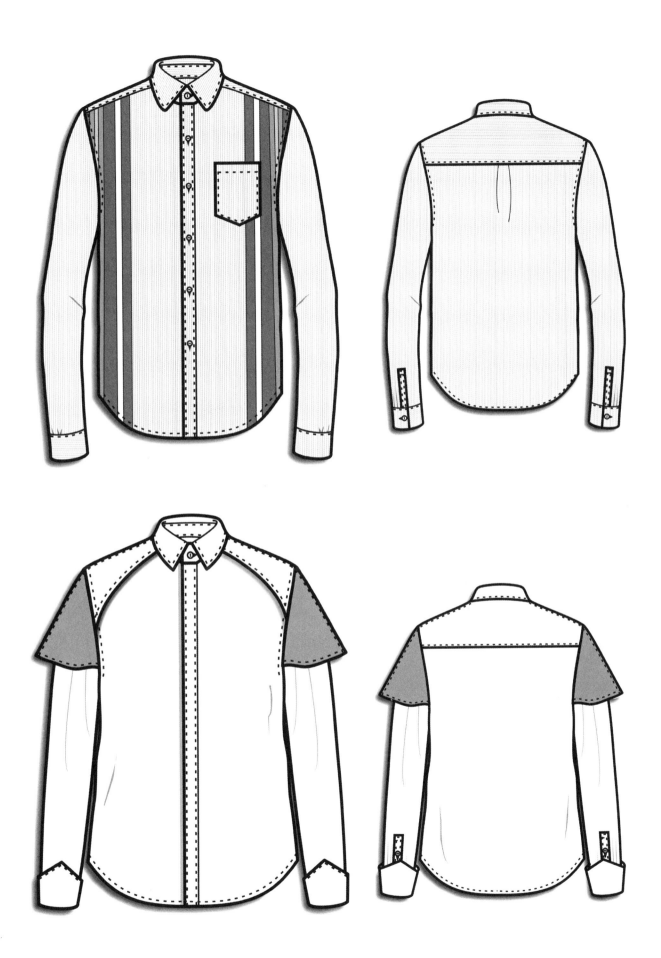

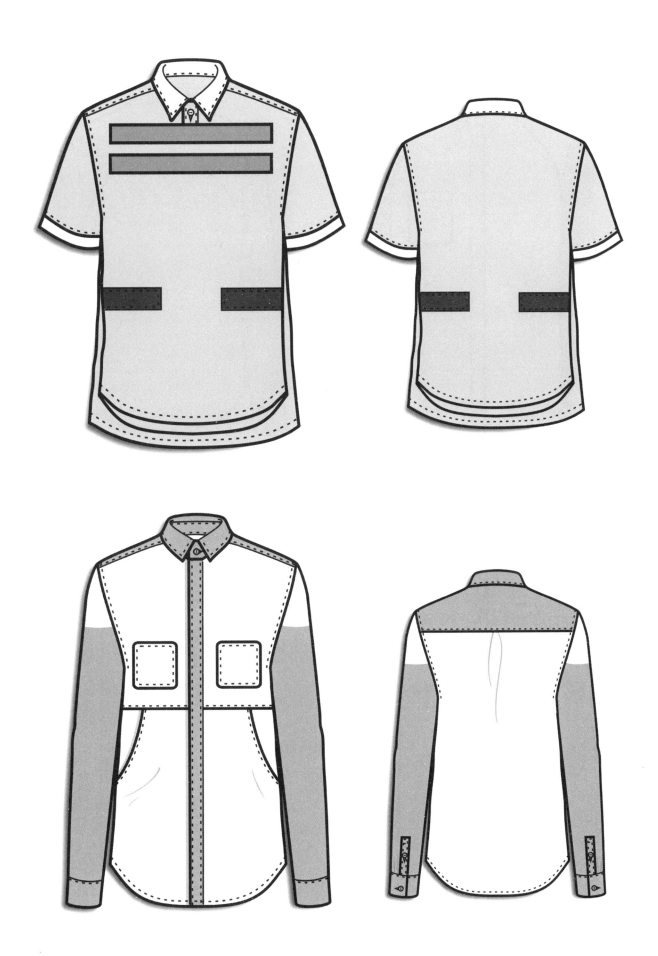

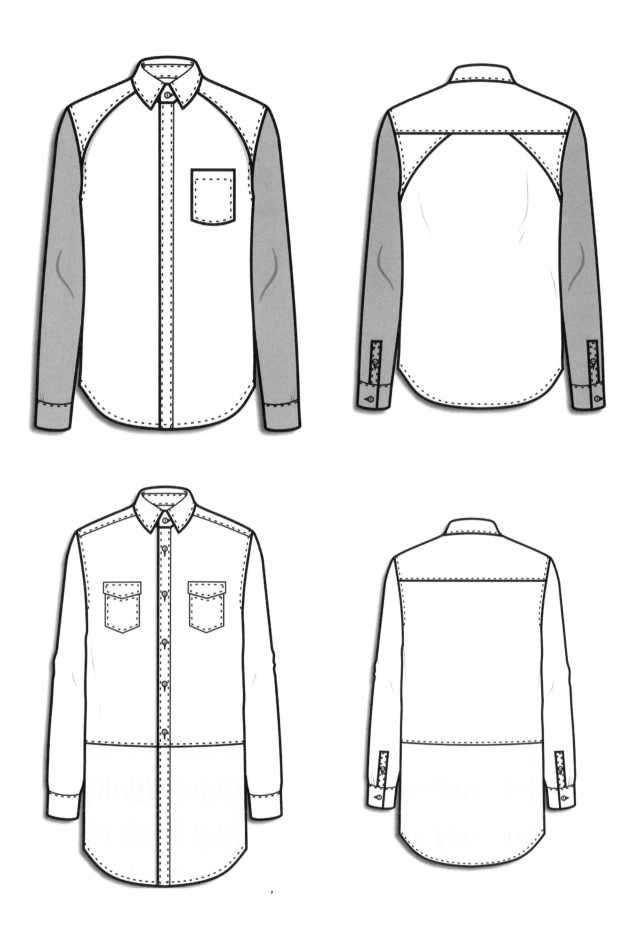

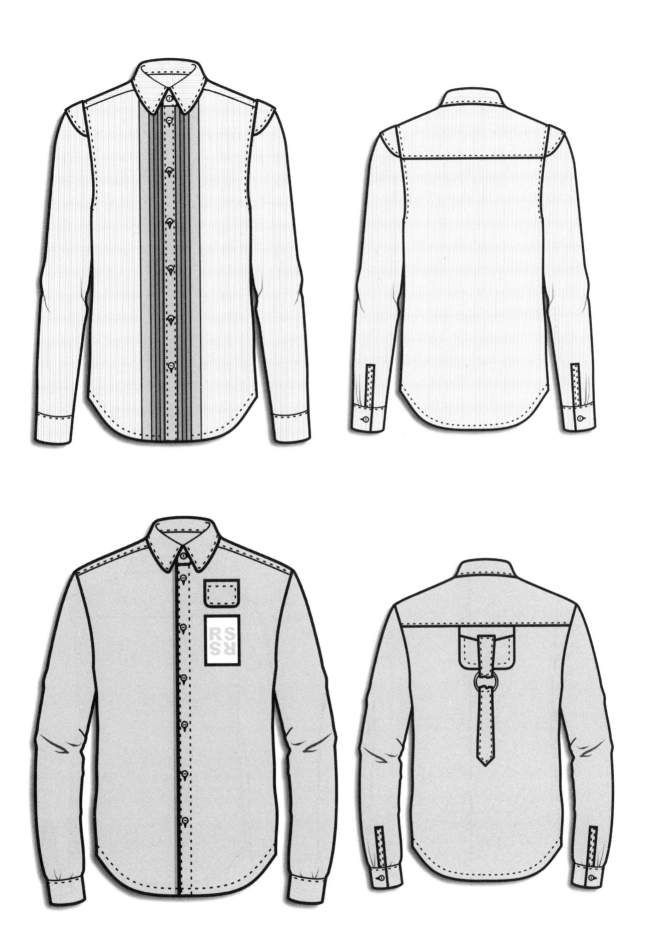

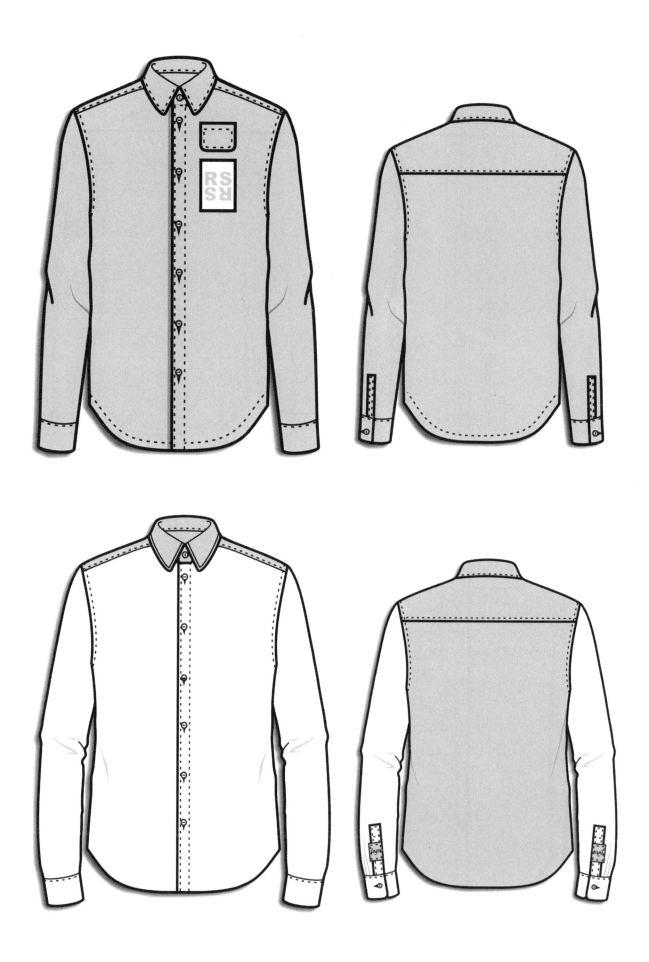

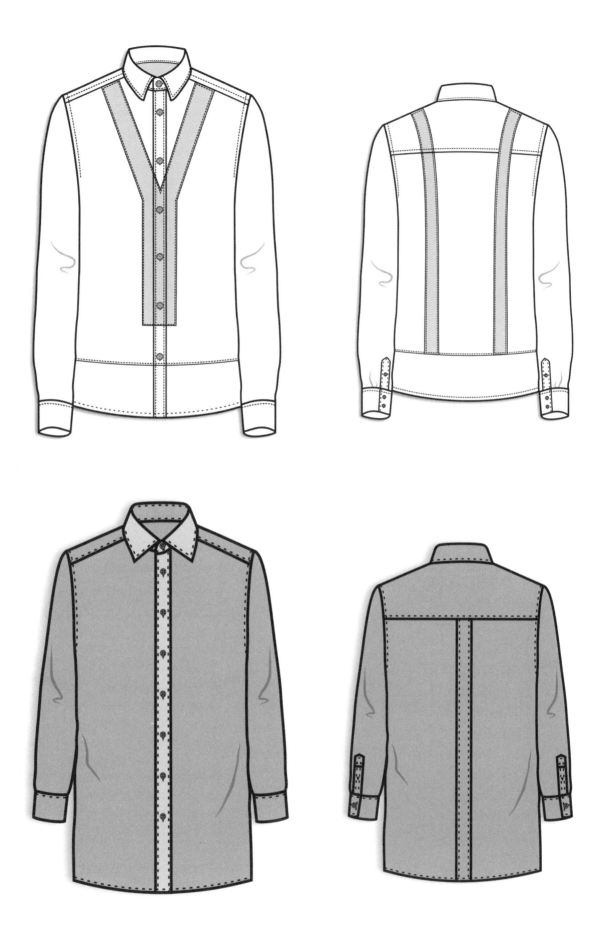

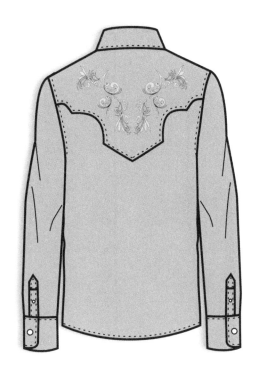

6. 贴布款式

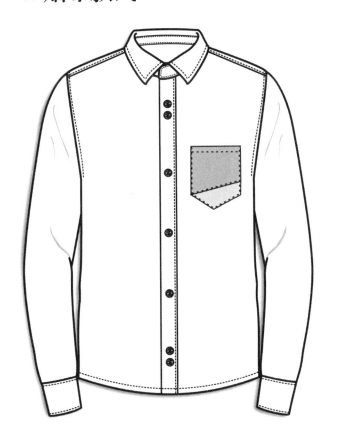
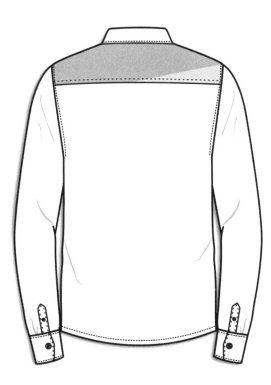

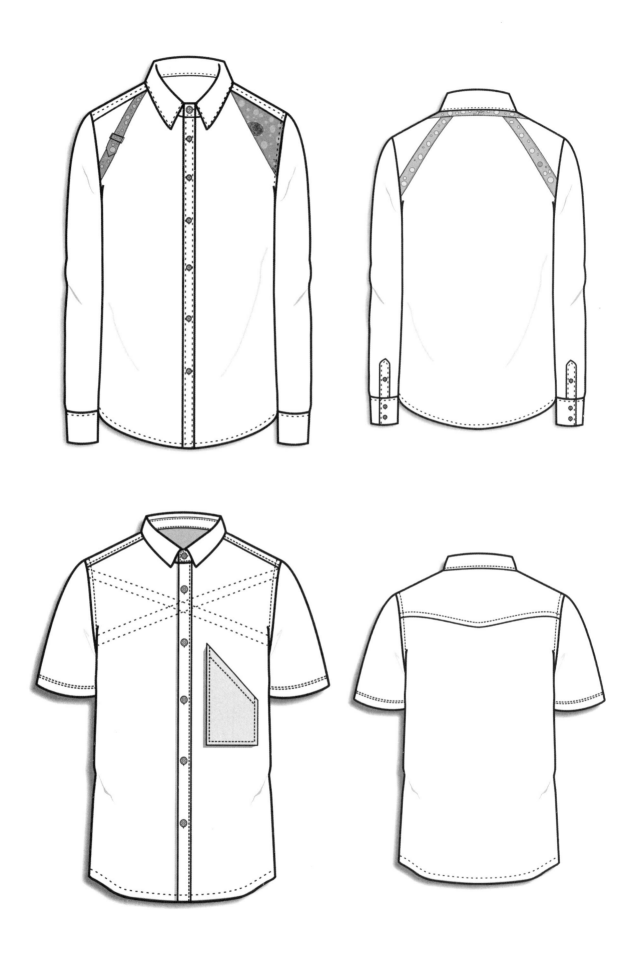

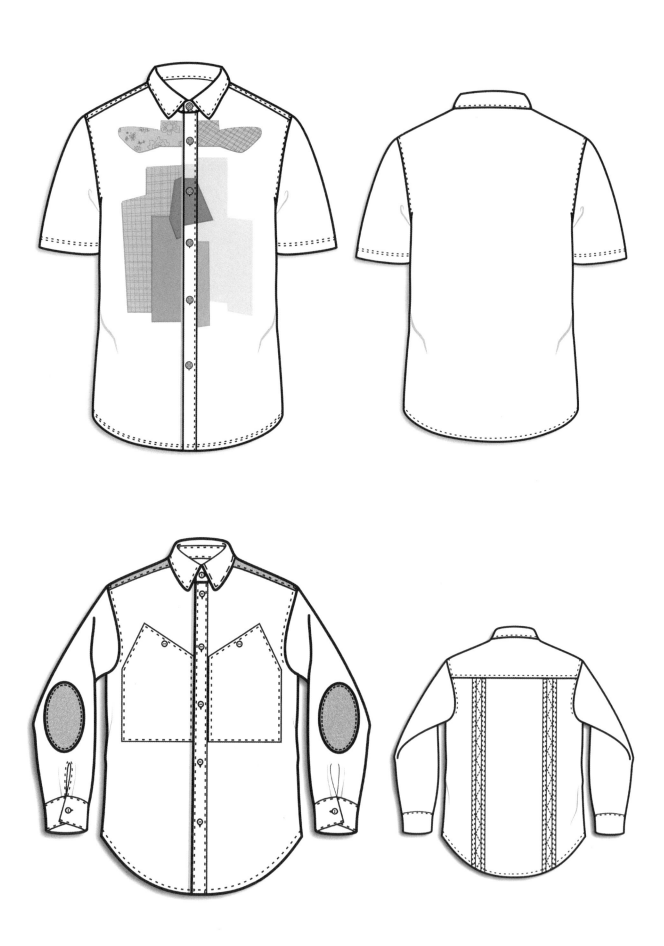

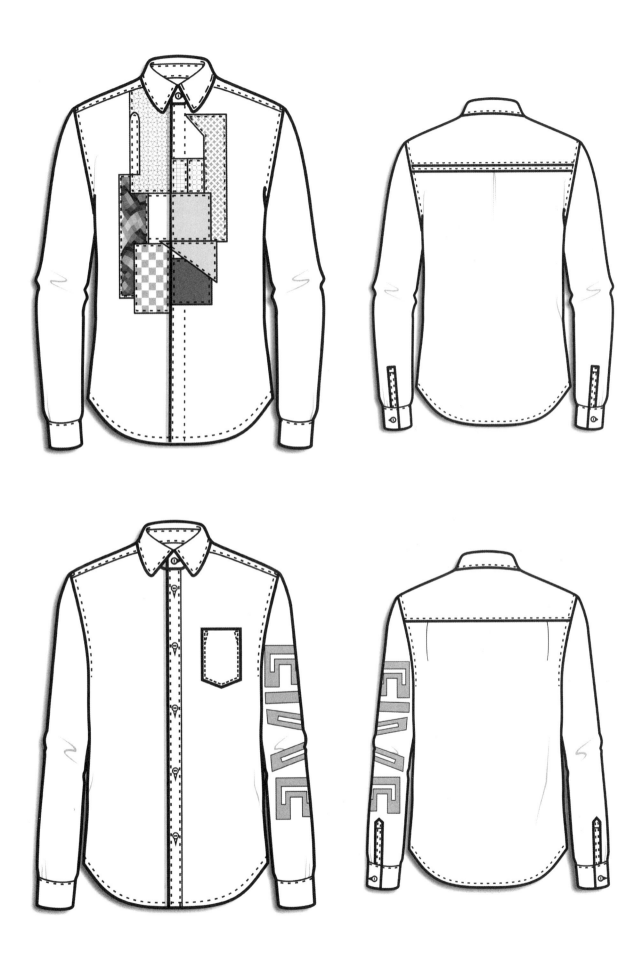

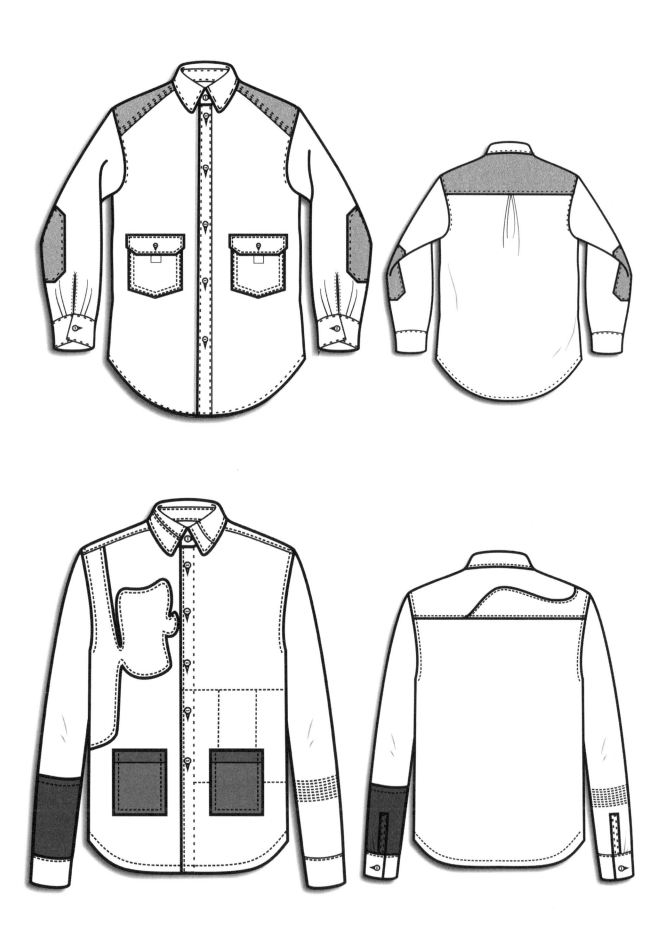

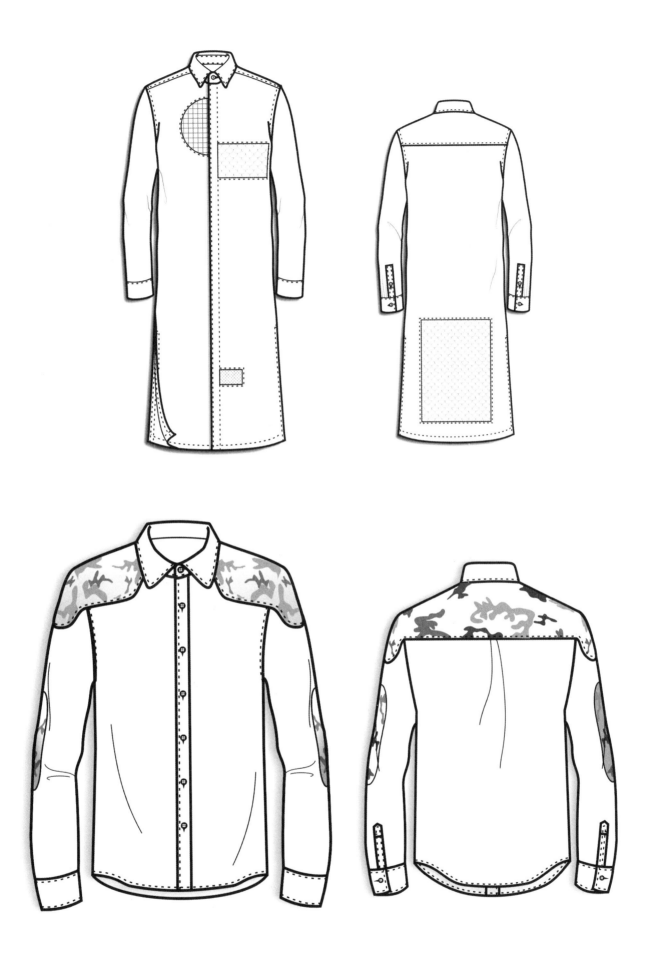

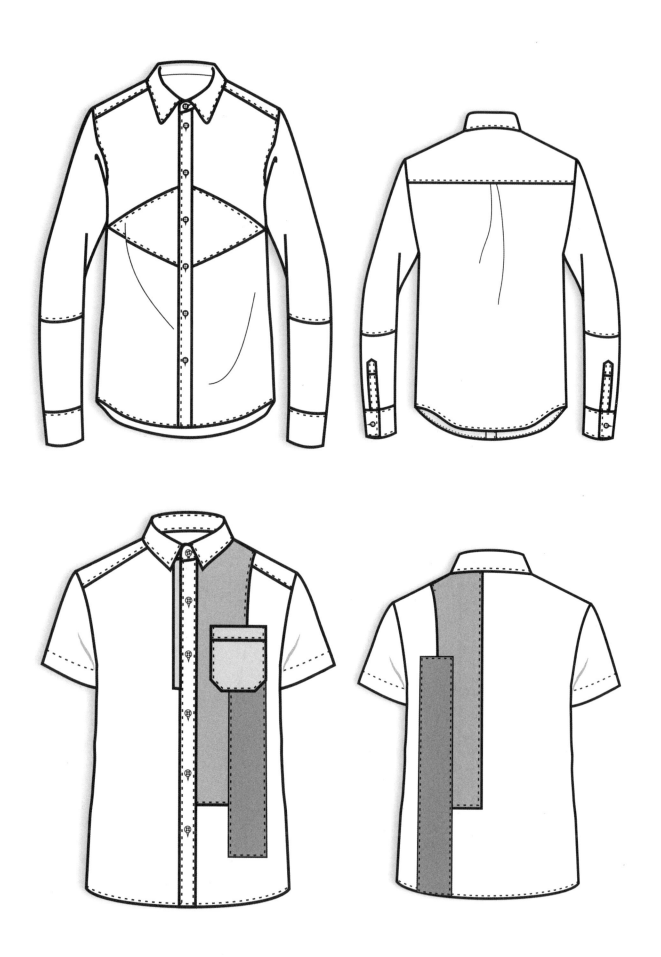

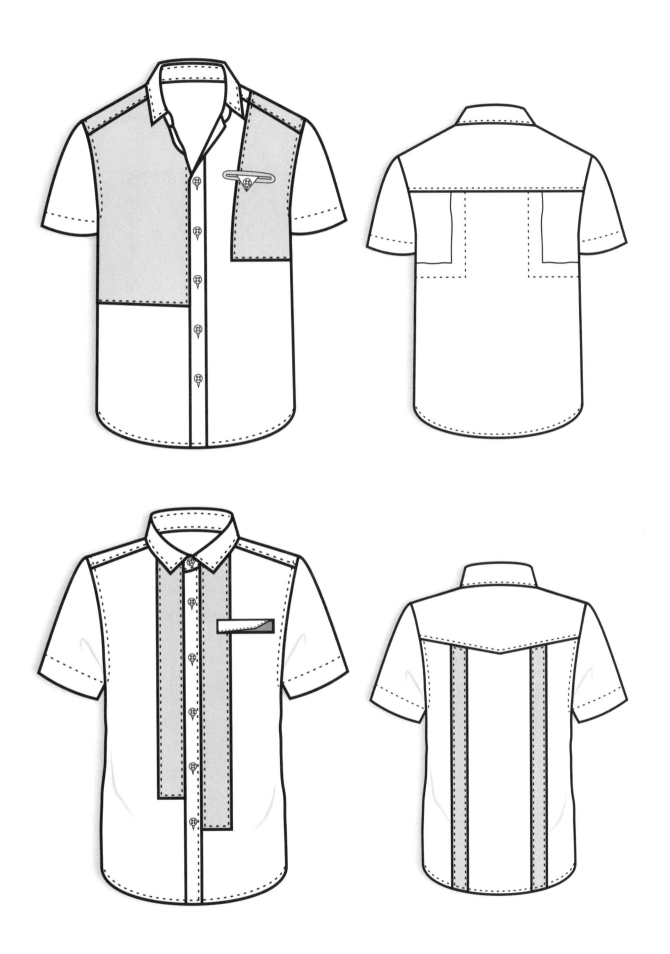

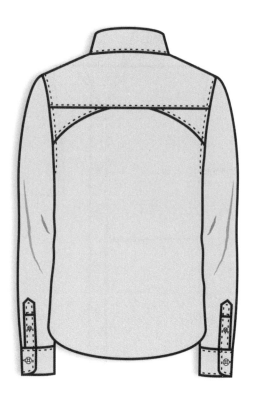
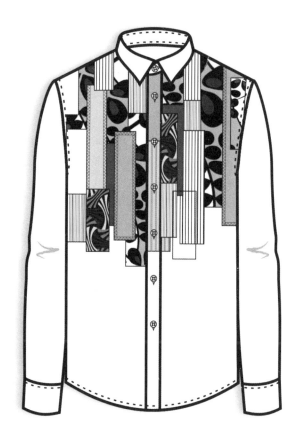
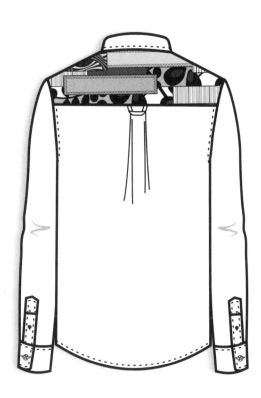

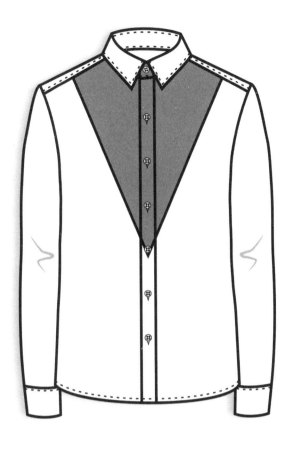

7. 抽摺款式

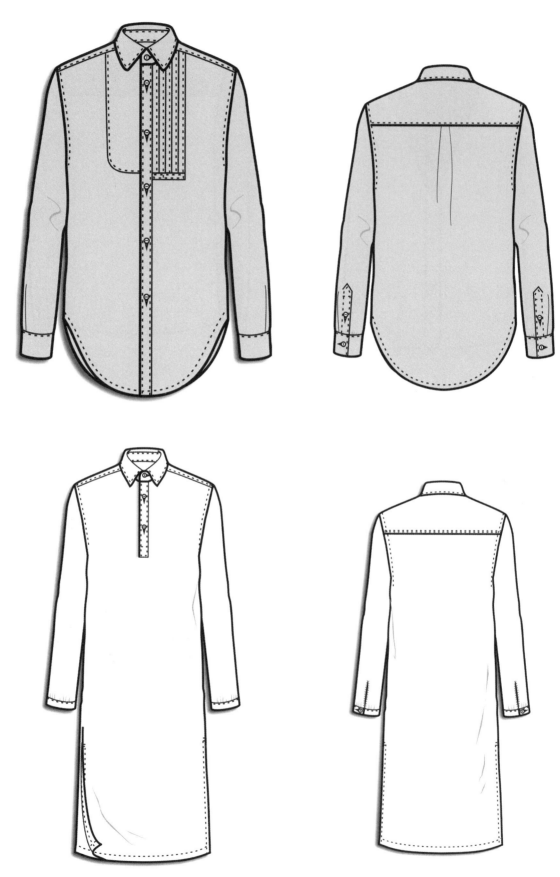

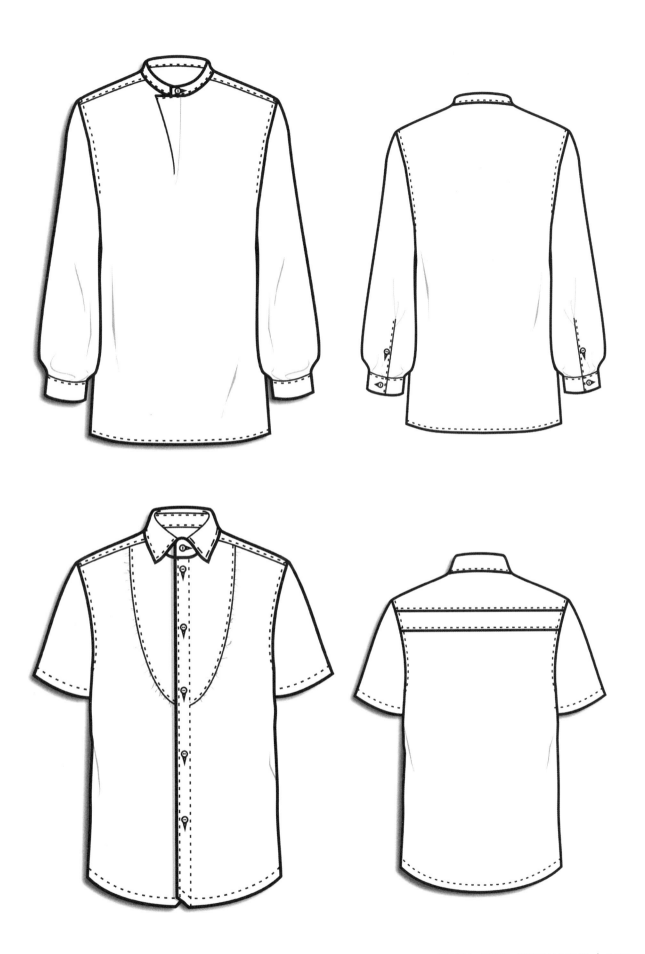

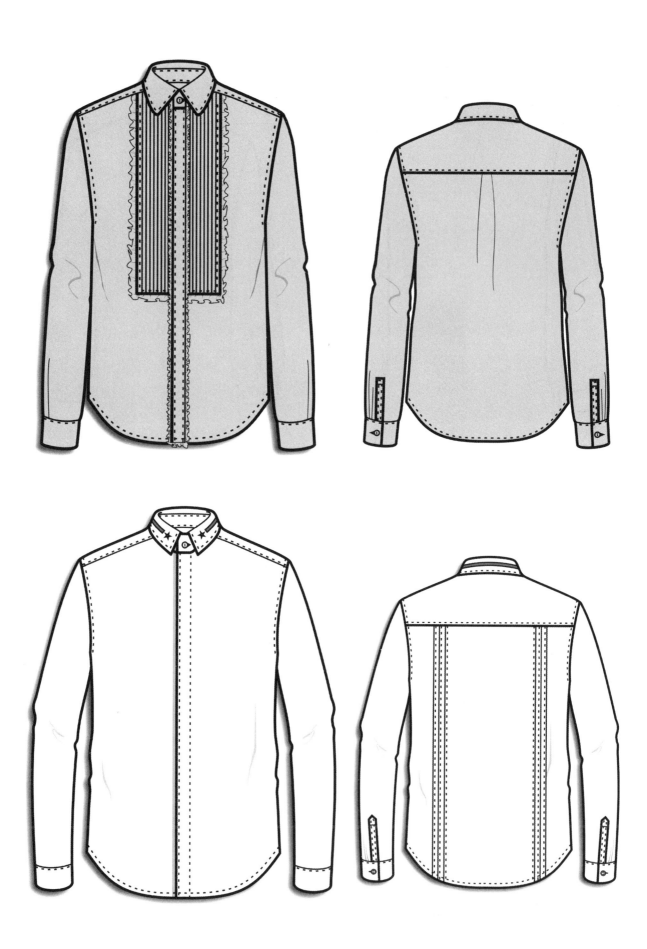

8. 口袋变换款式

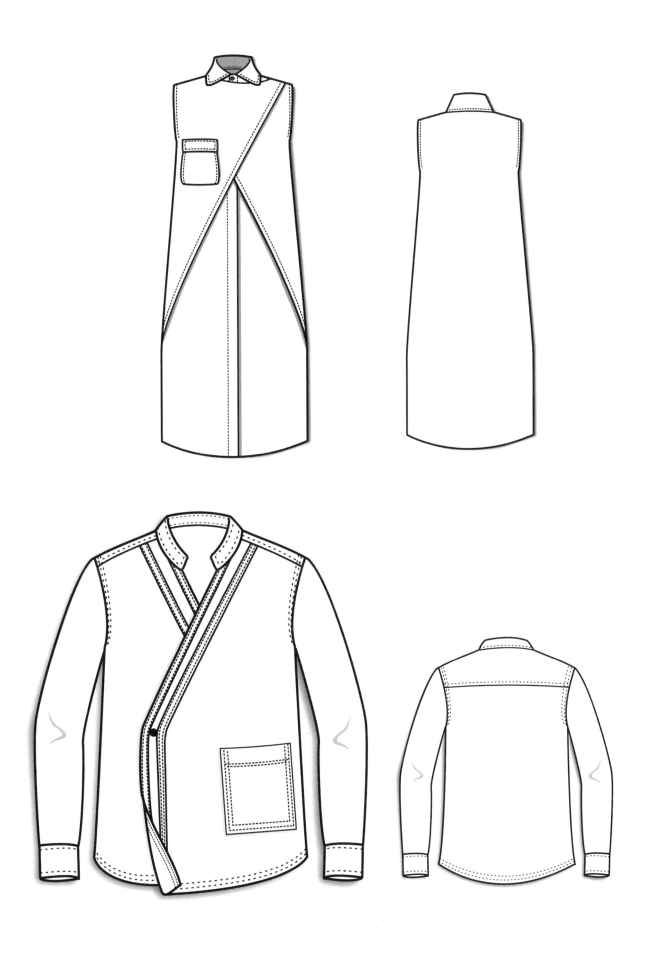

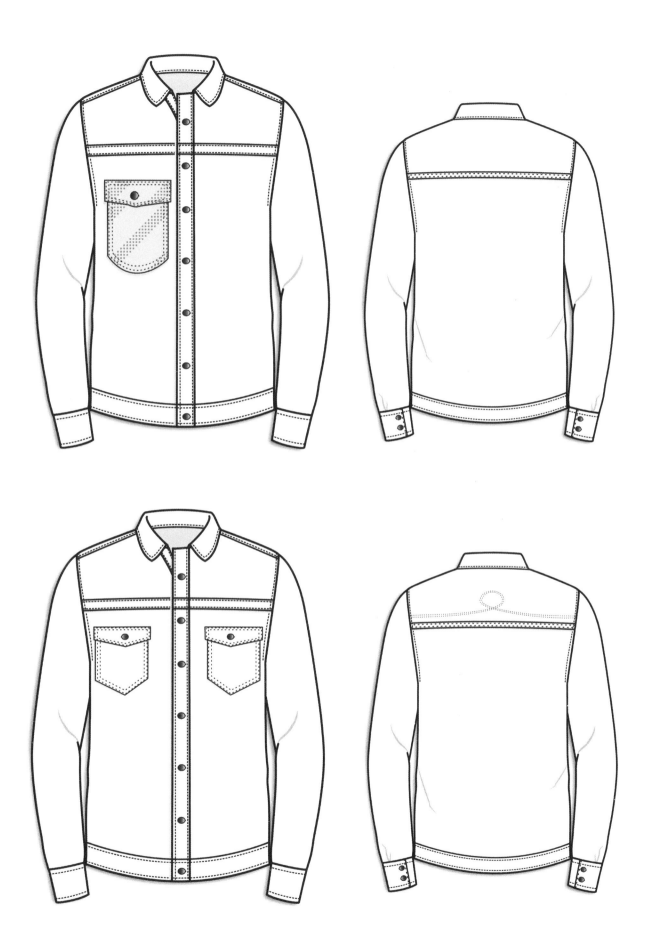

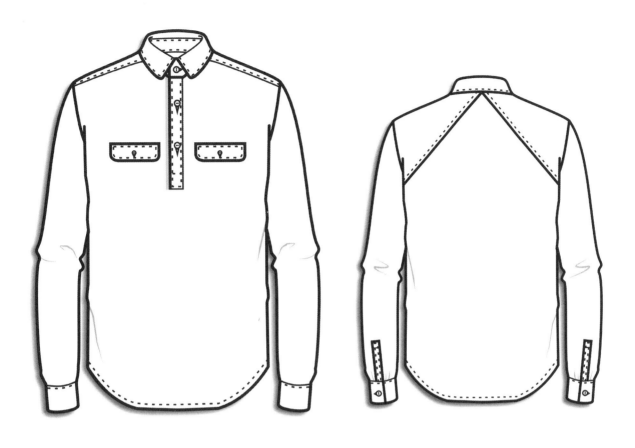

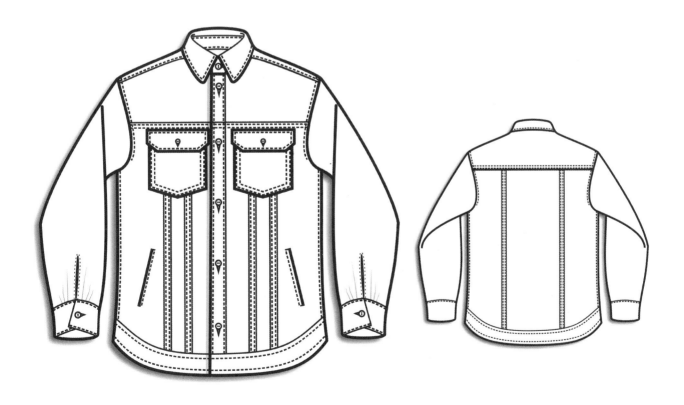

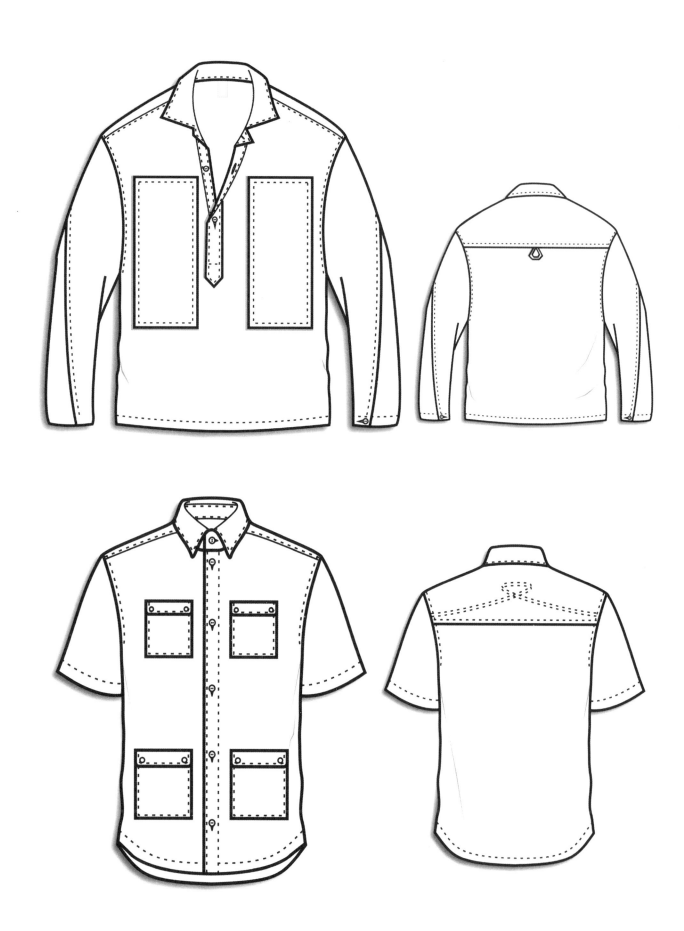

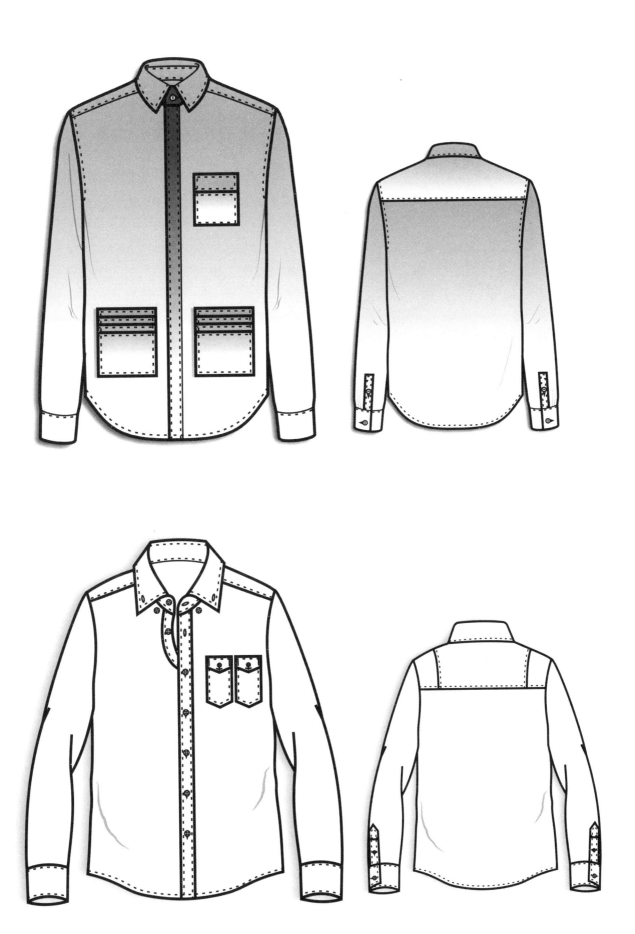

9. 格子、条纹、印花款式

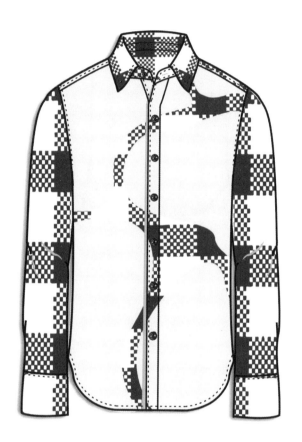

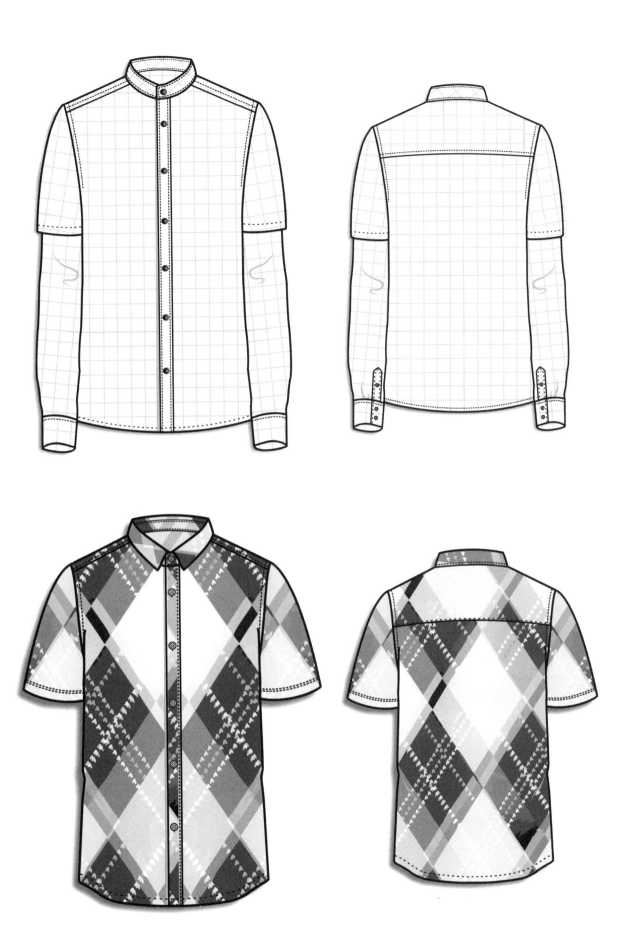

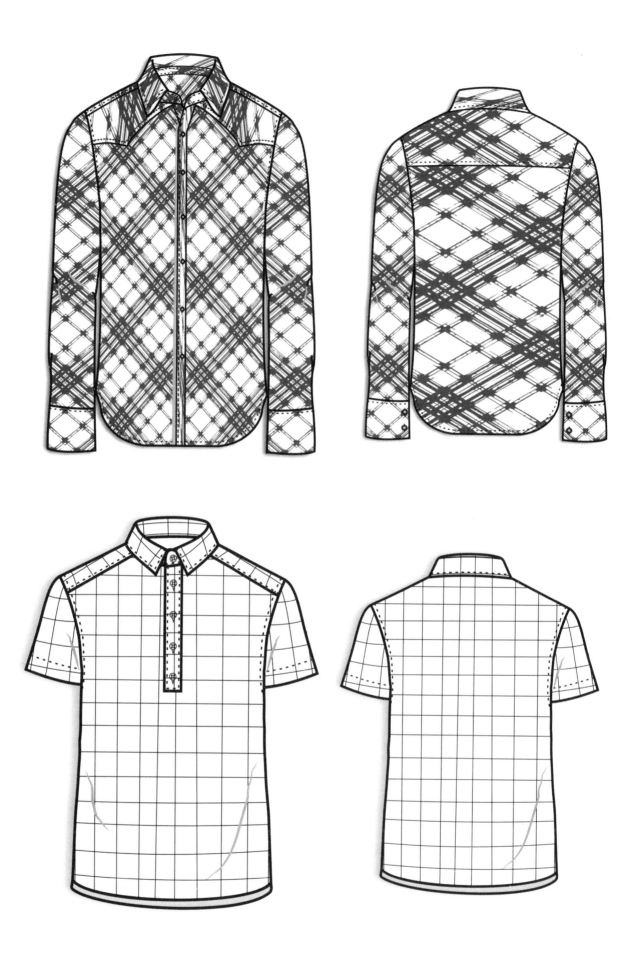

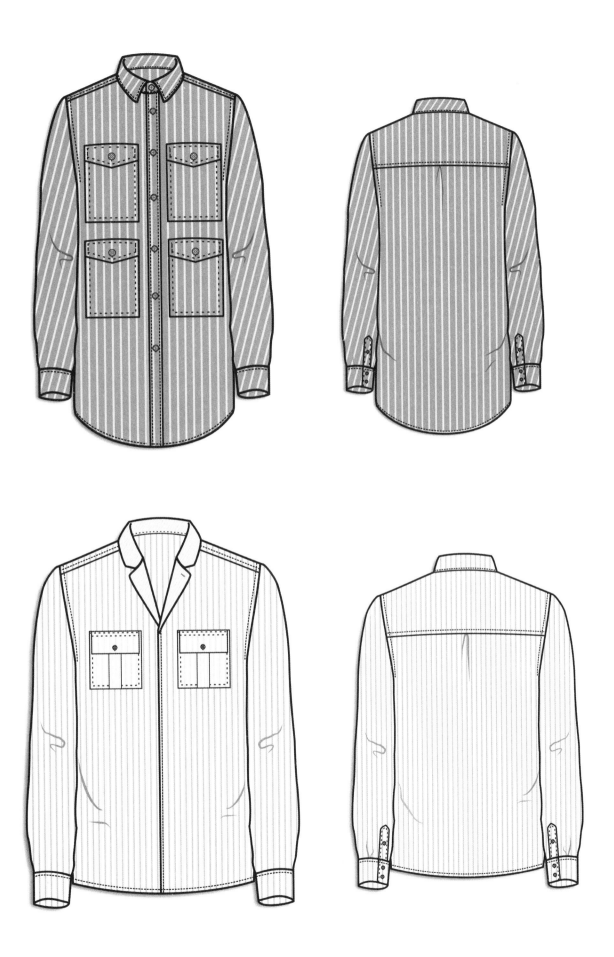

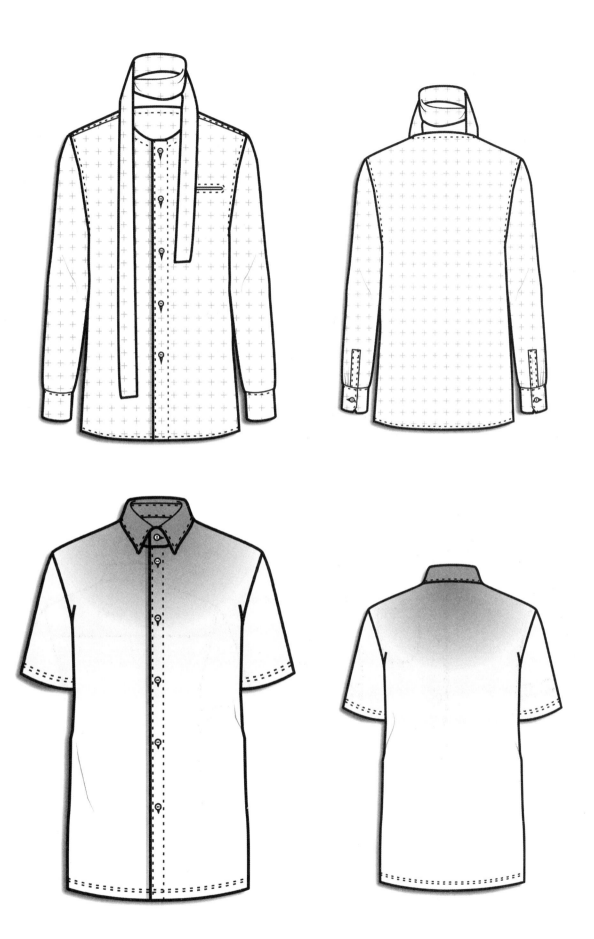

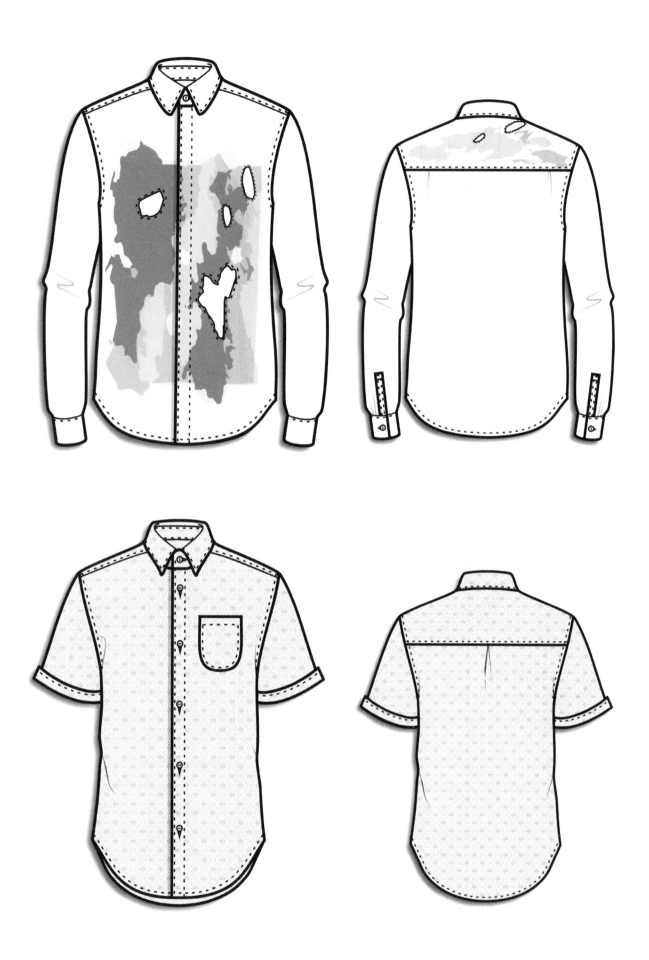

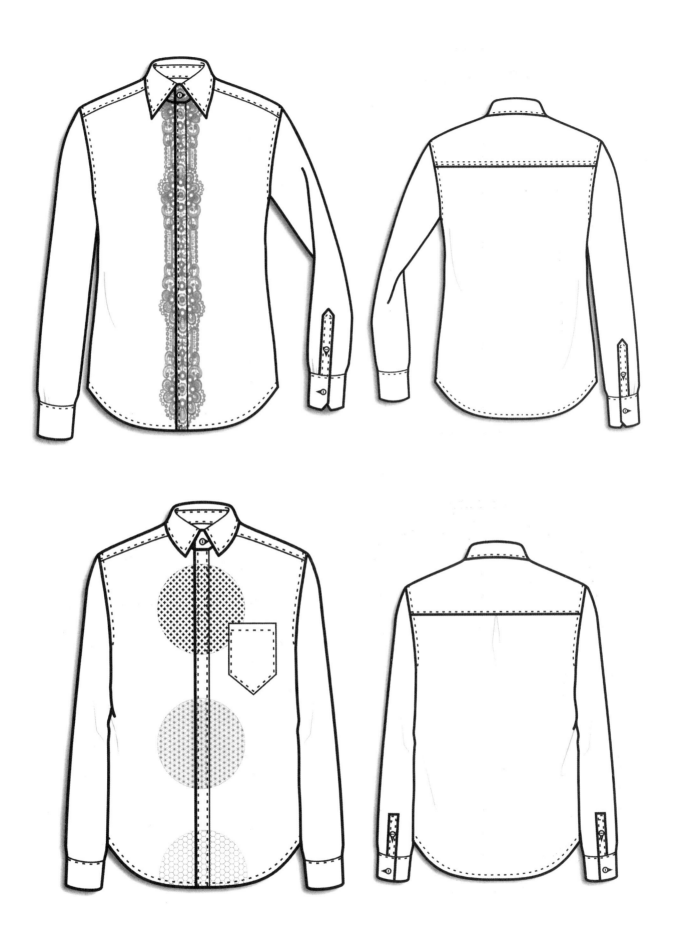

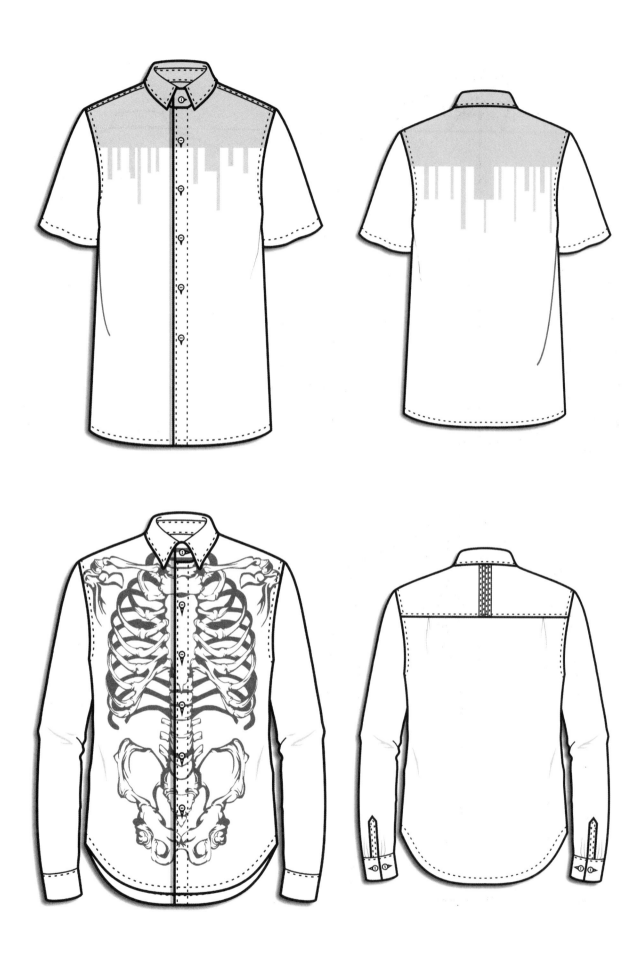

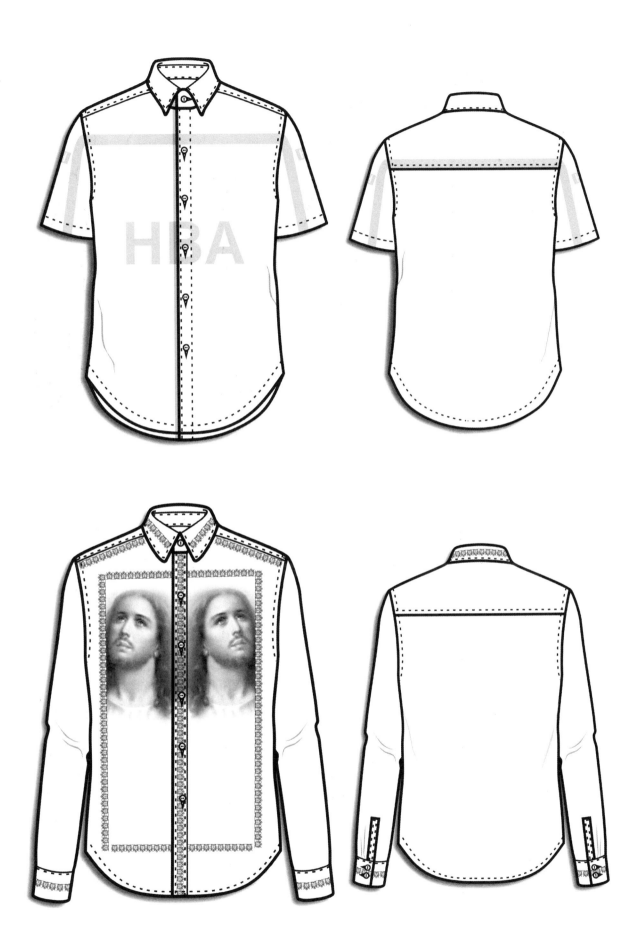

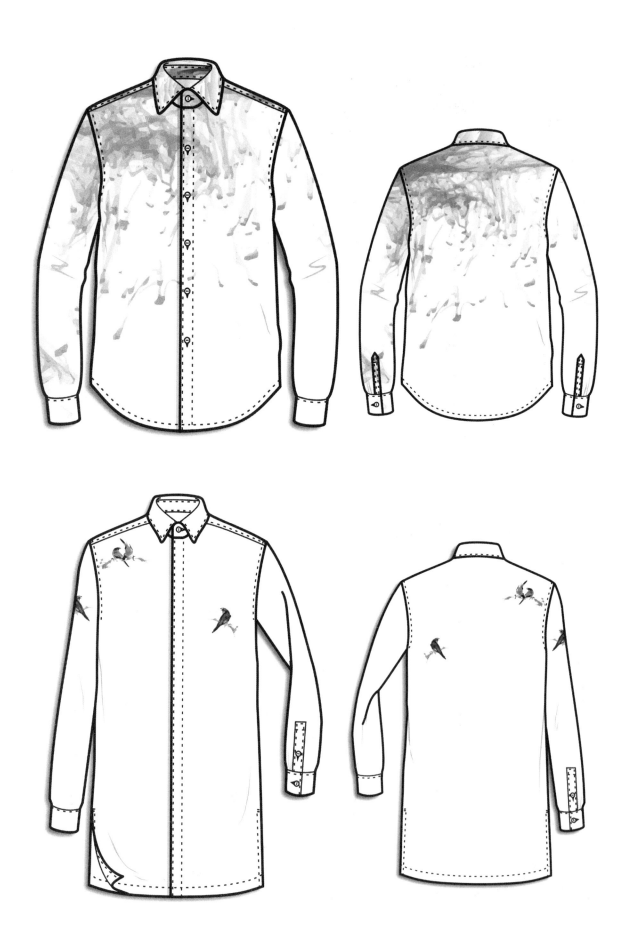

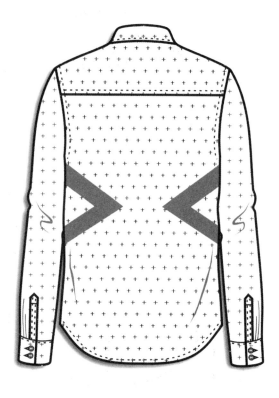

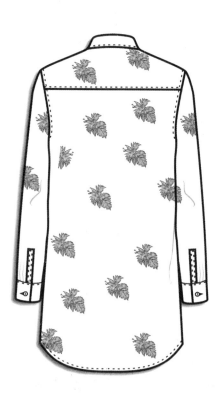

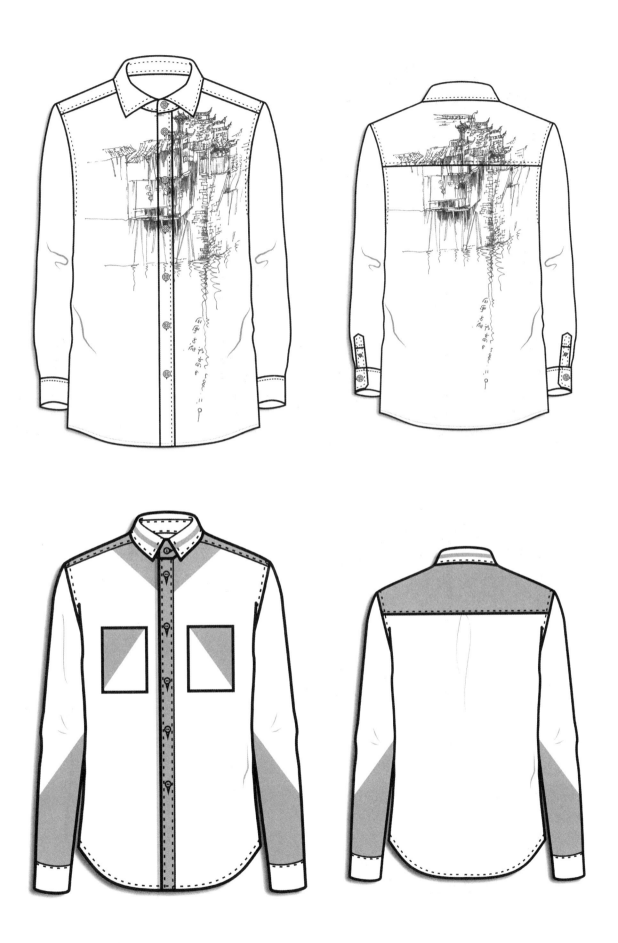

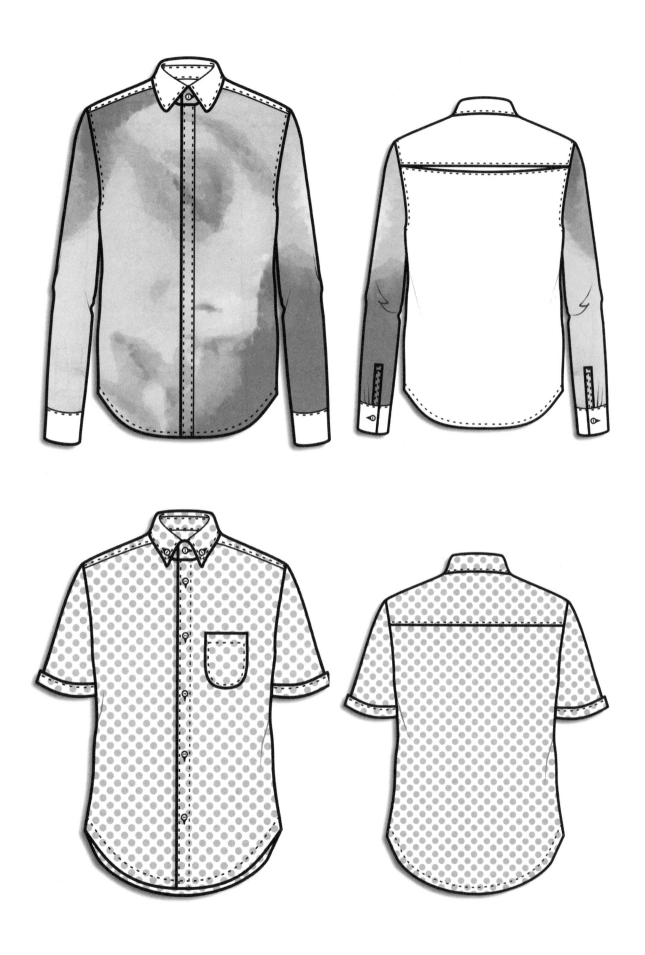

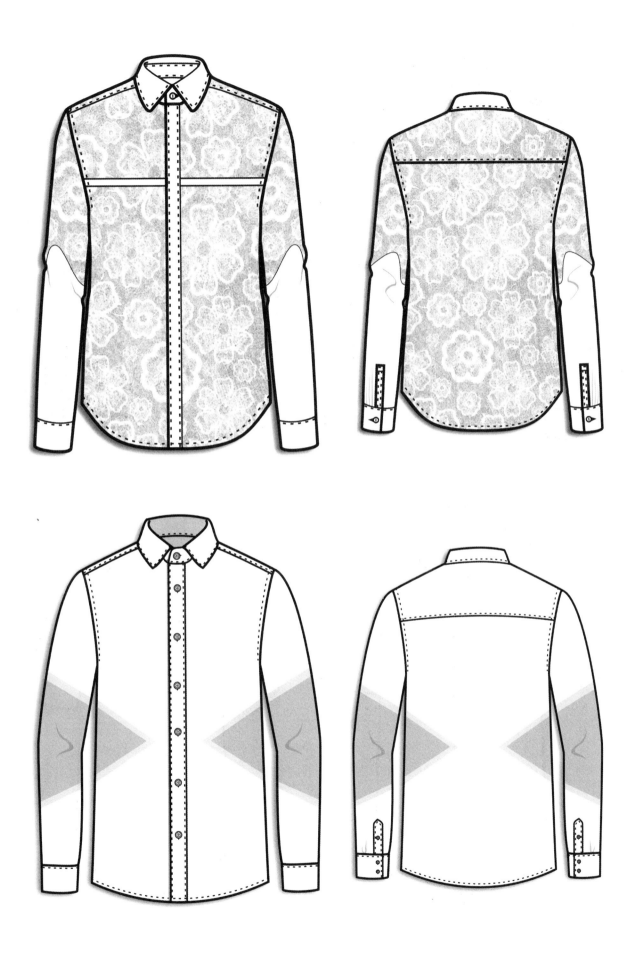

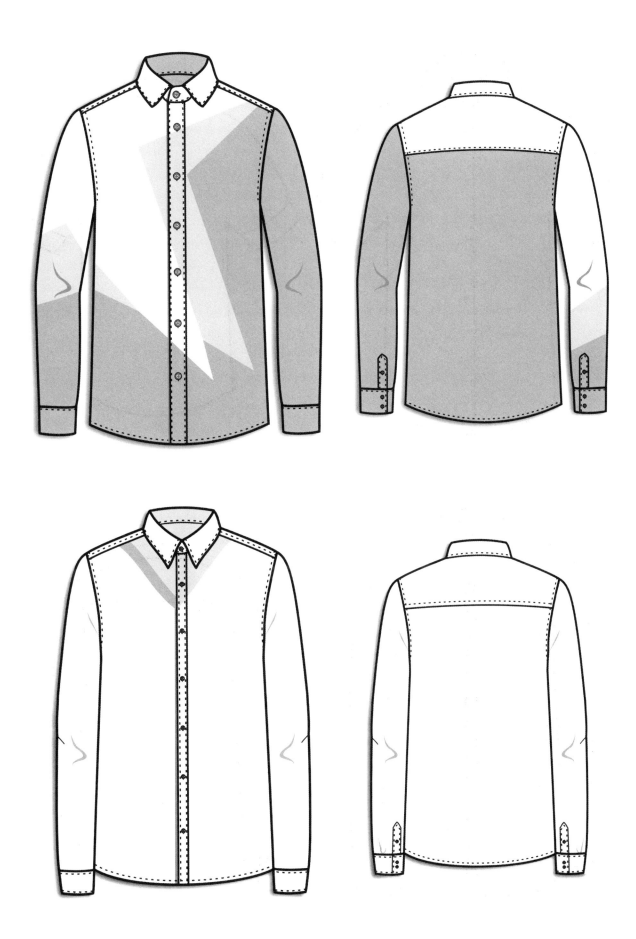

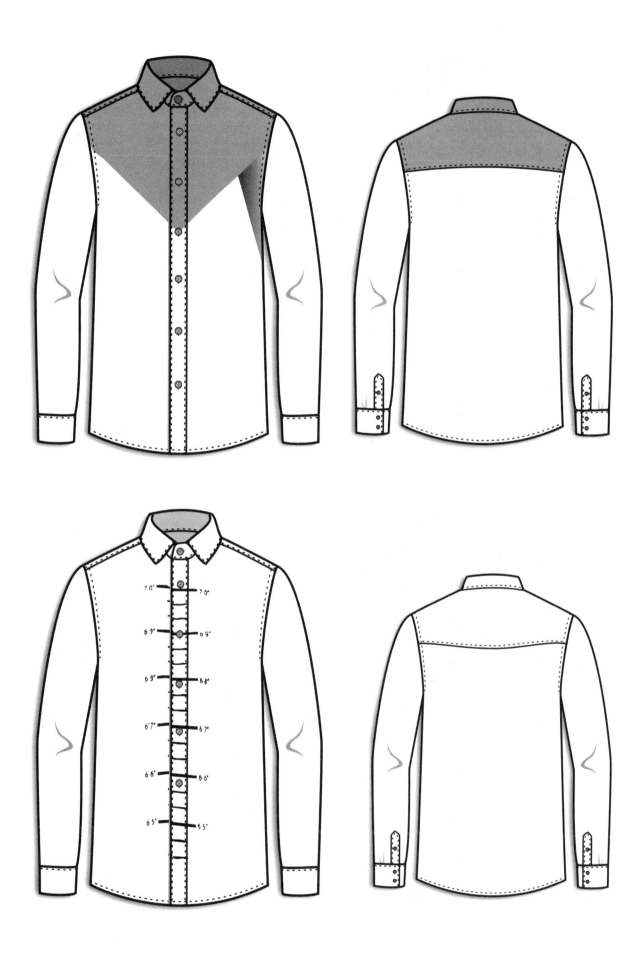

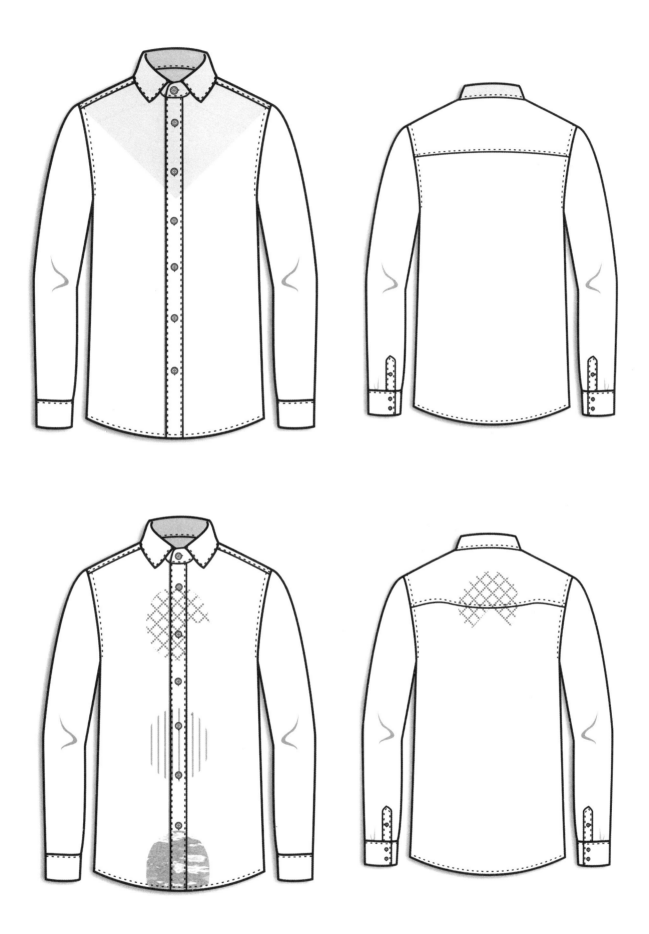

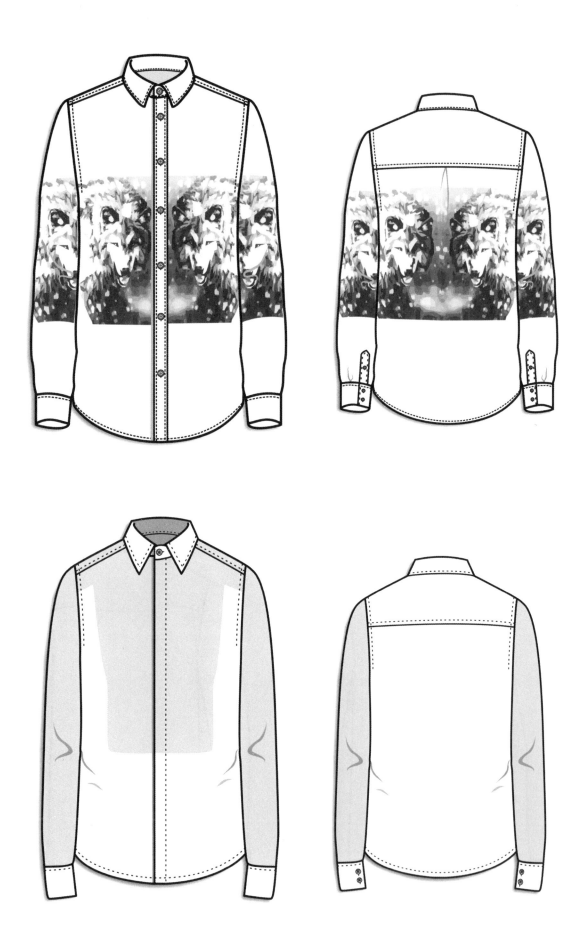

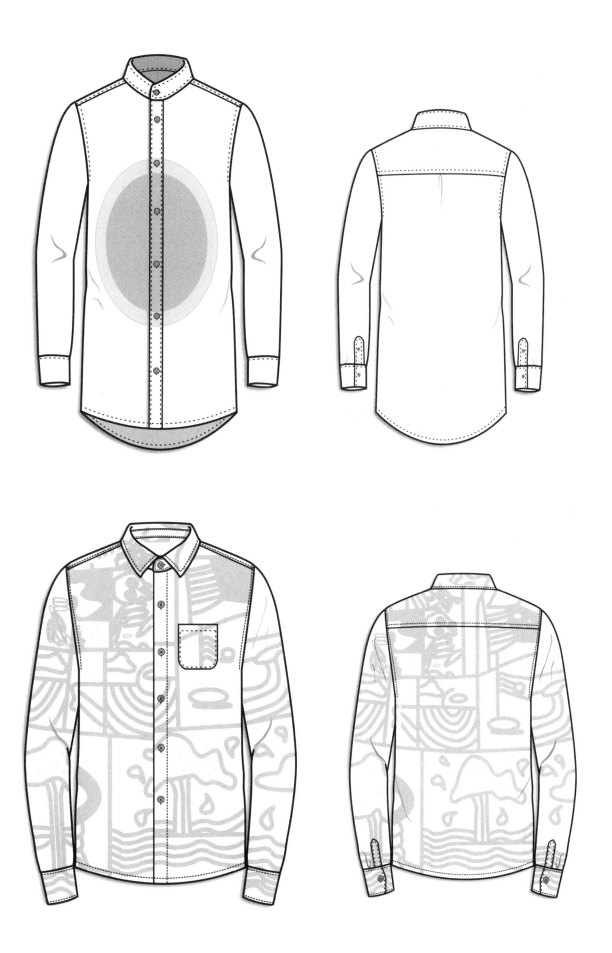

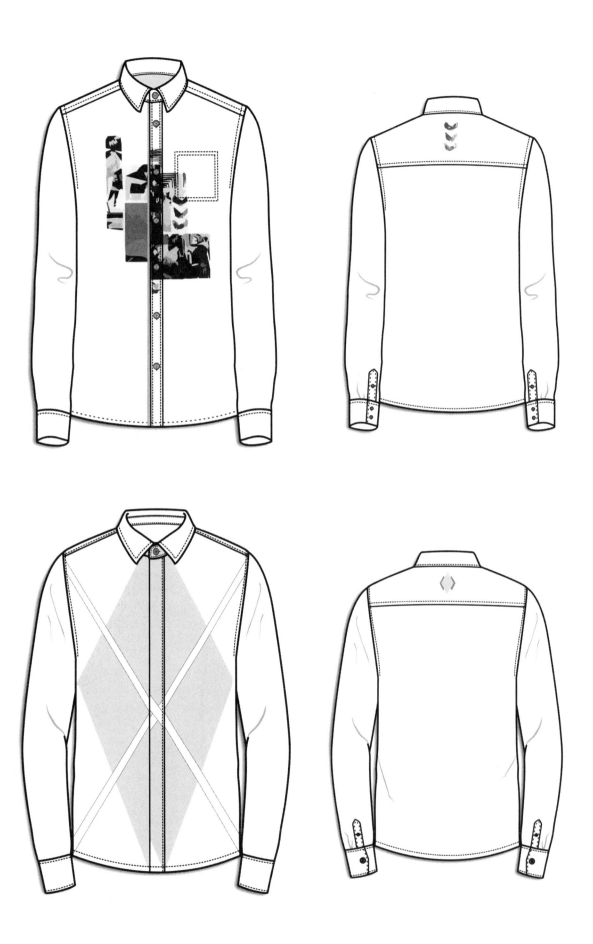

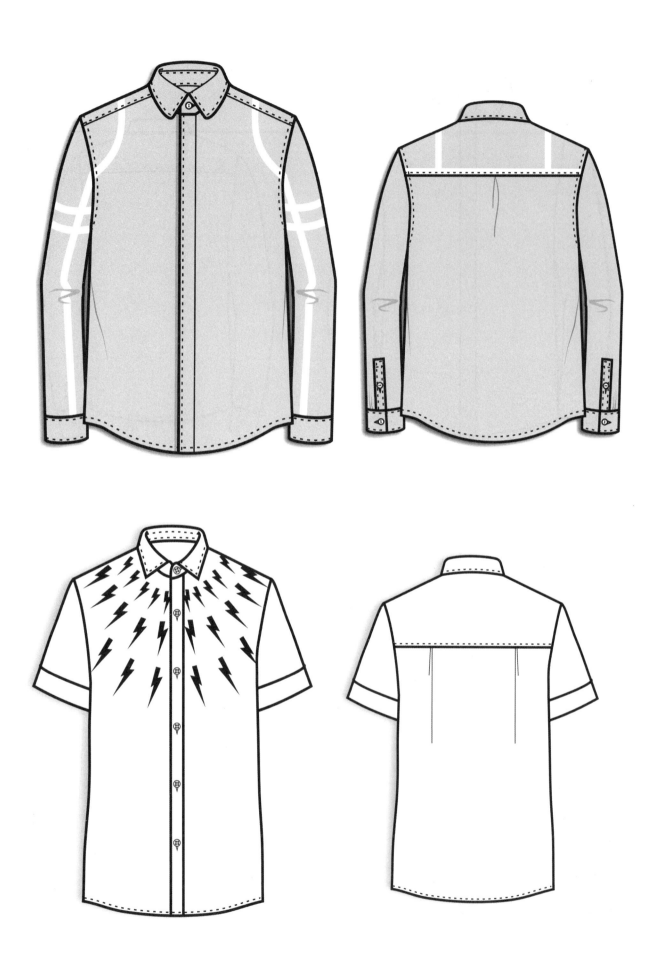

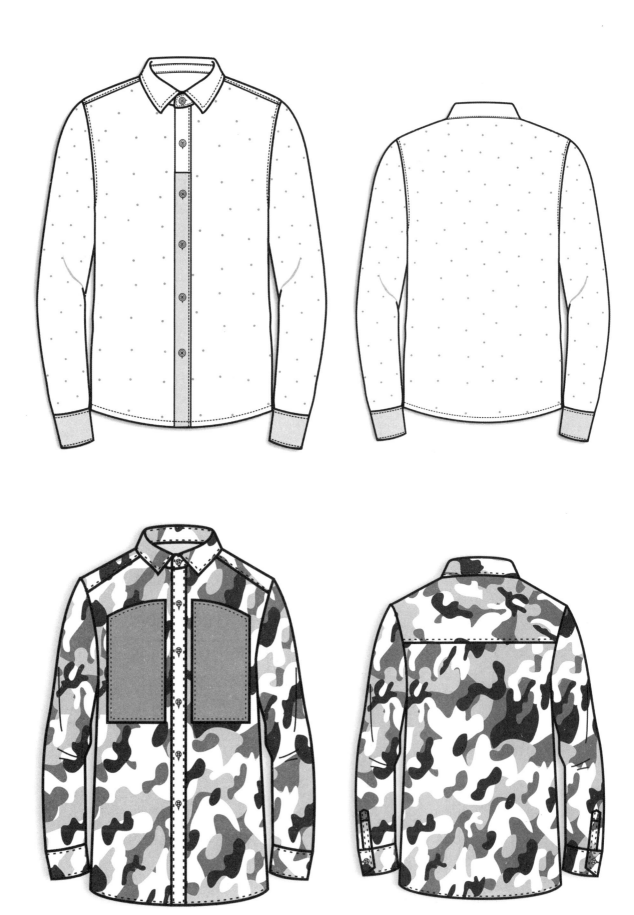

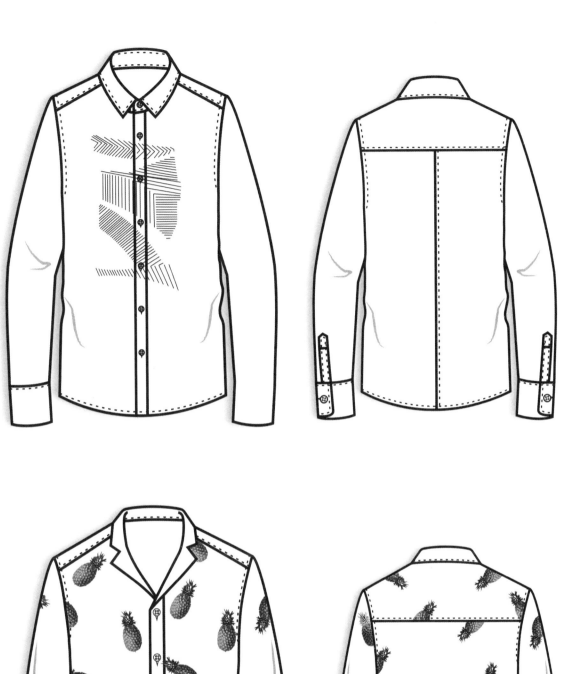

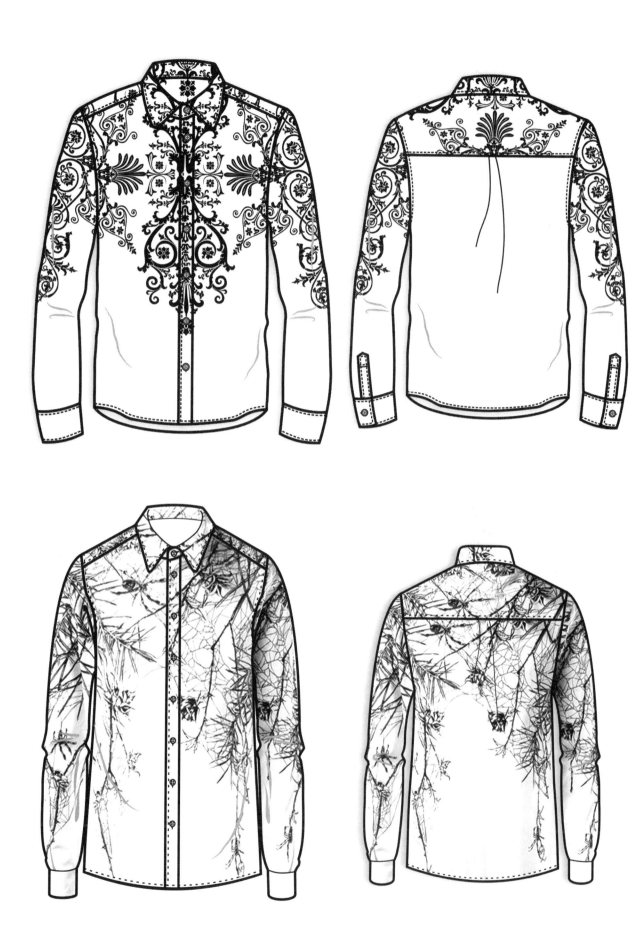

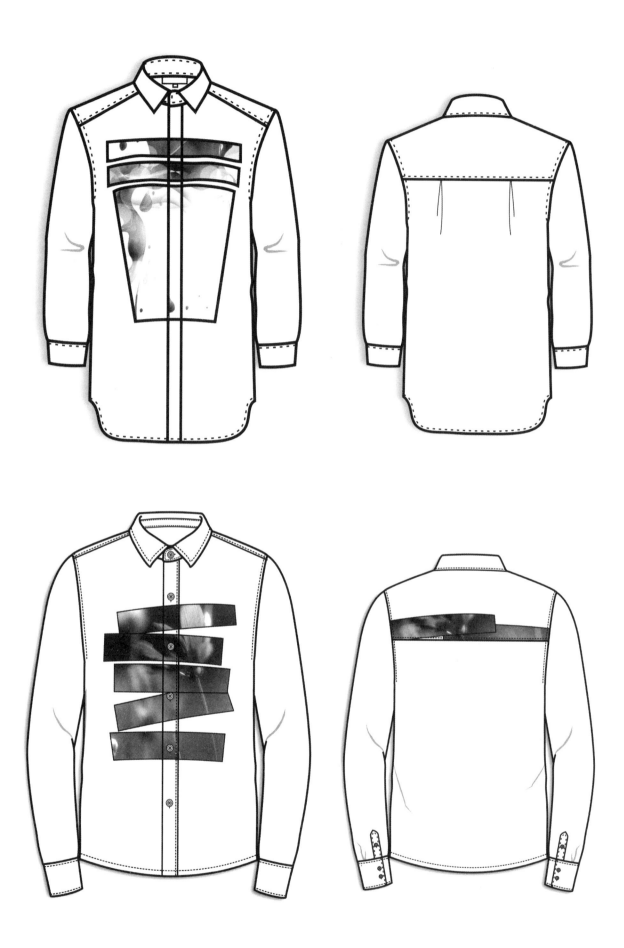

10. 其他款式

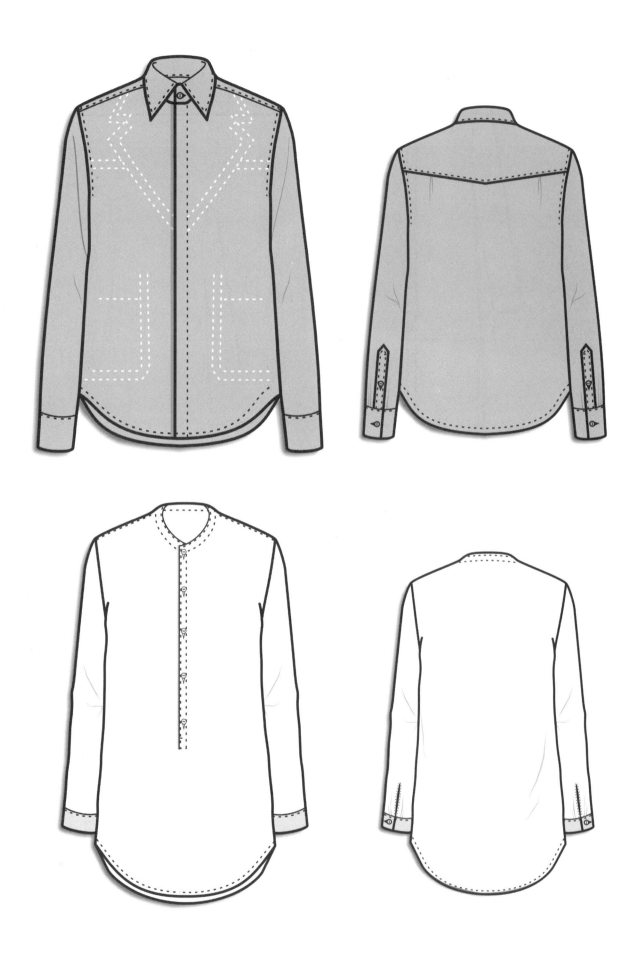

T 恤篇

1. 经典款式

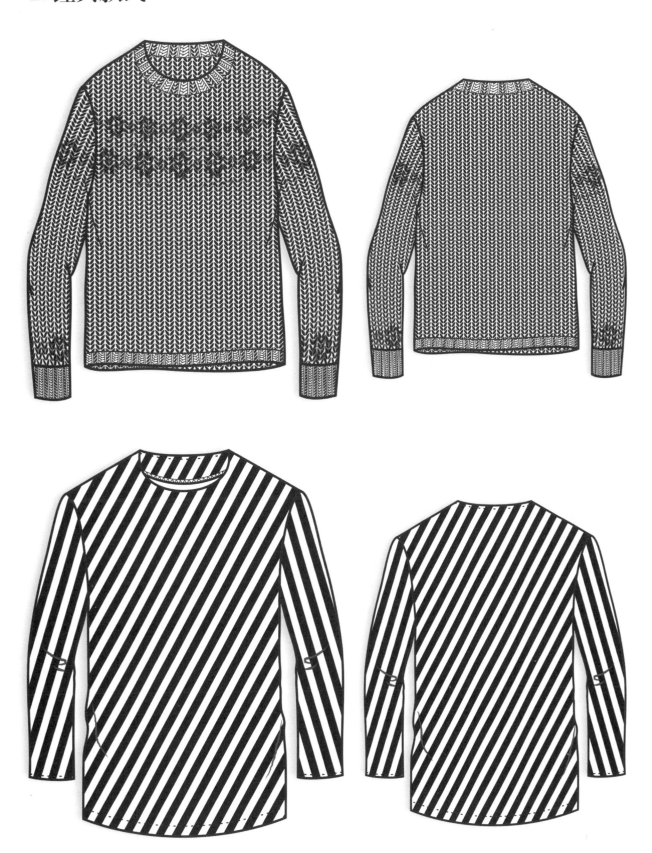

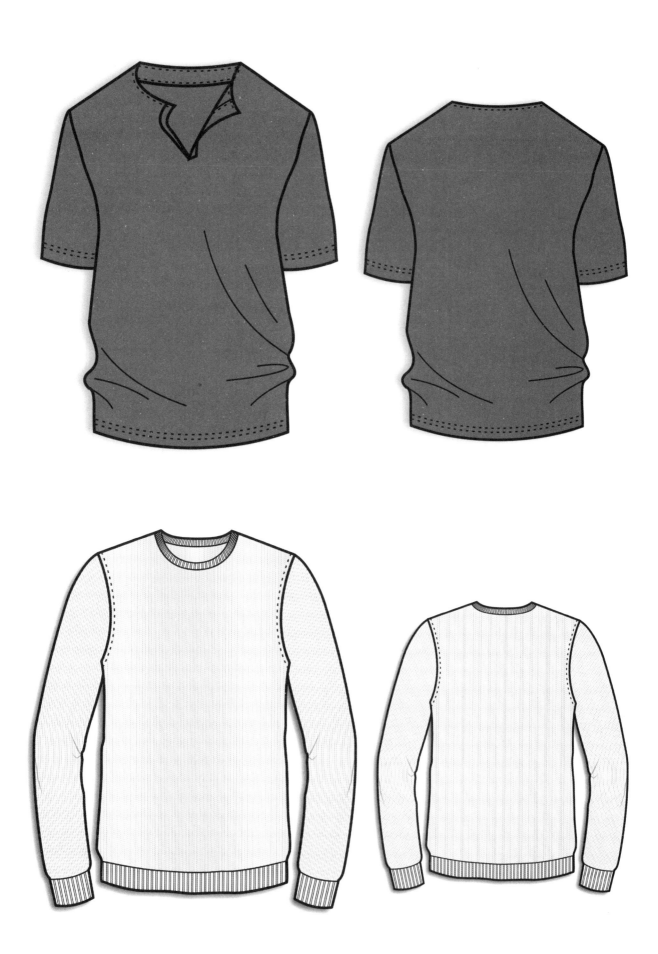

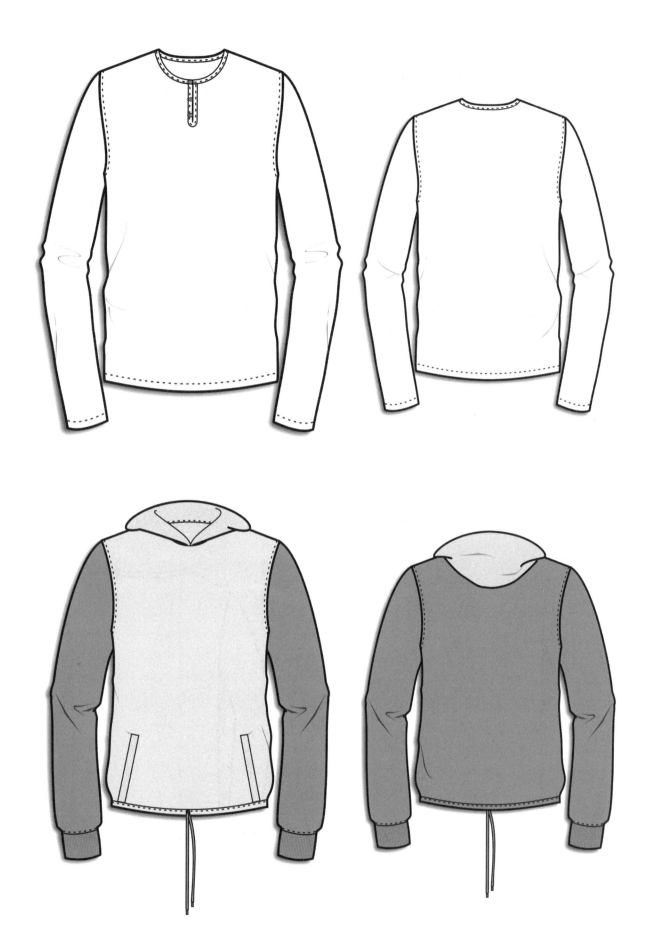

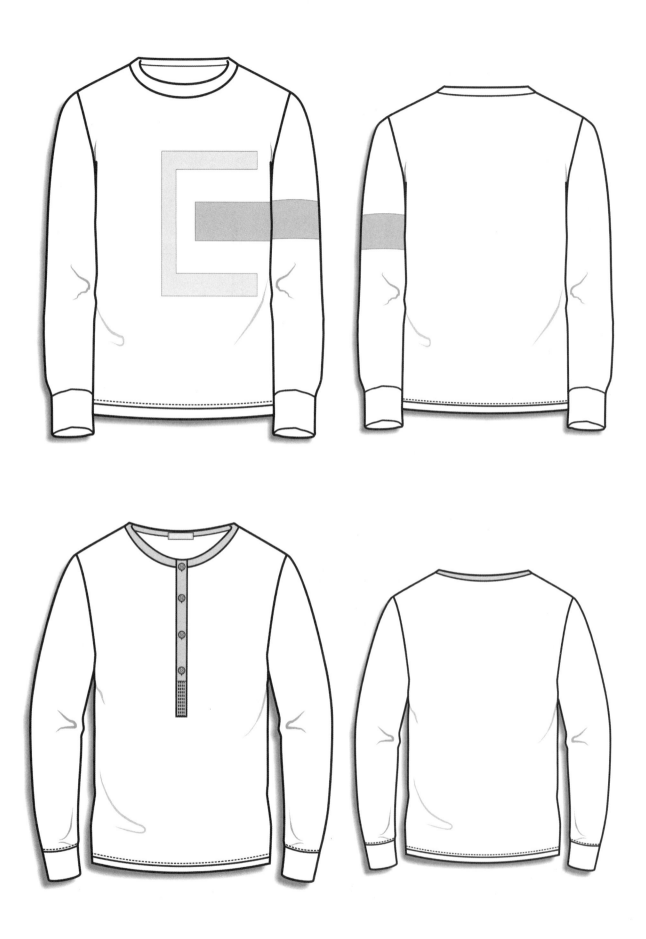

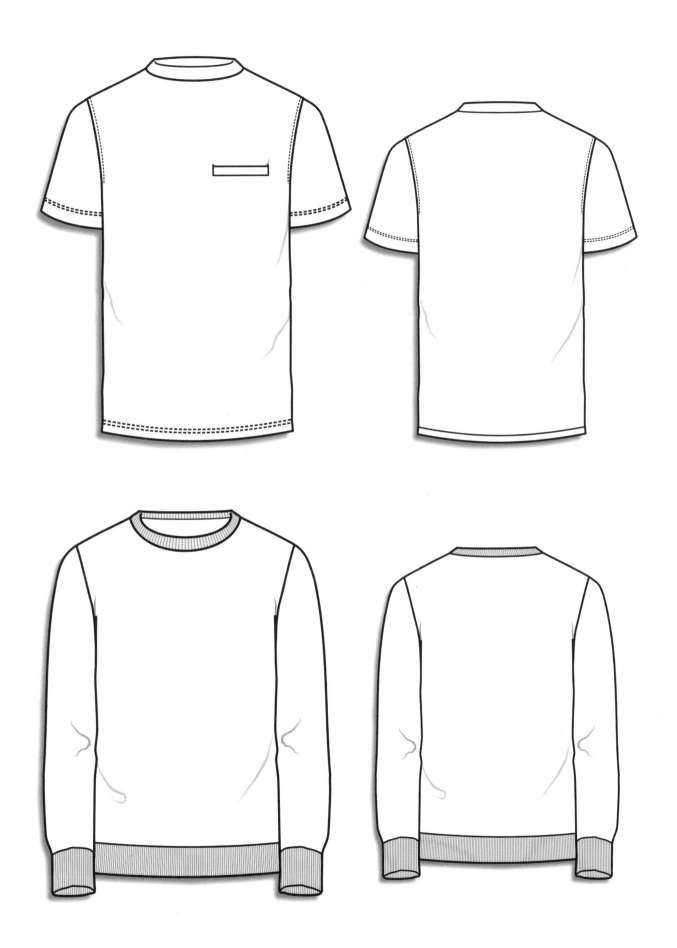

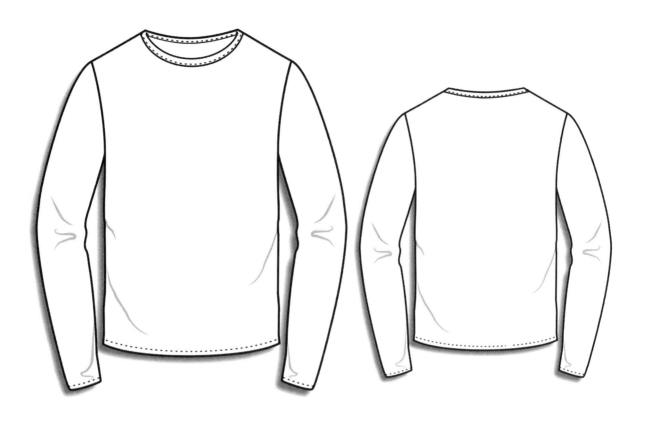

2. 时尚款式

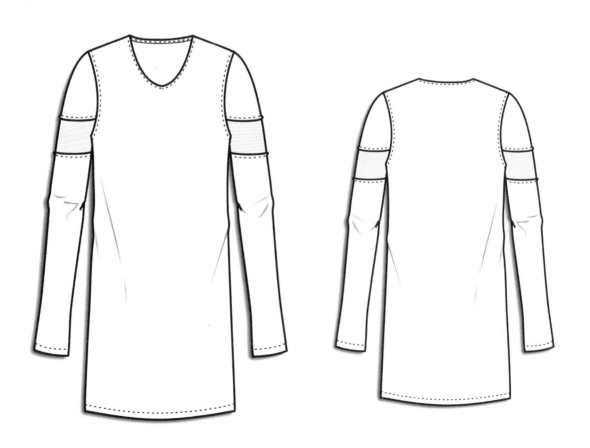

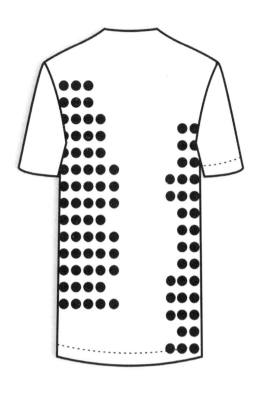

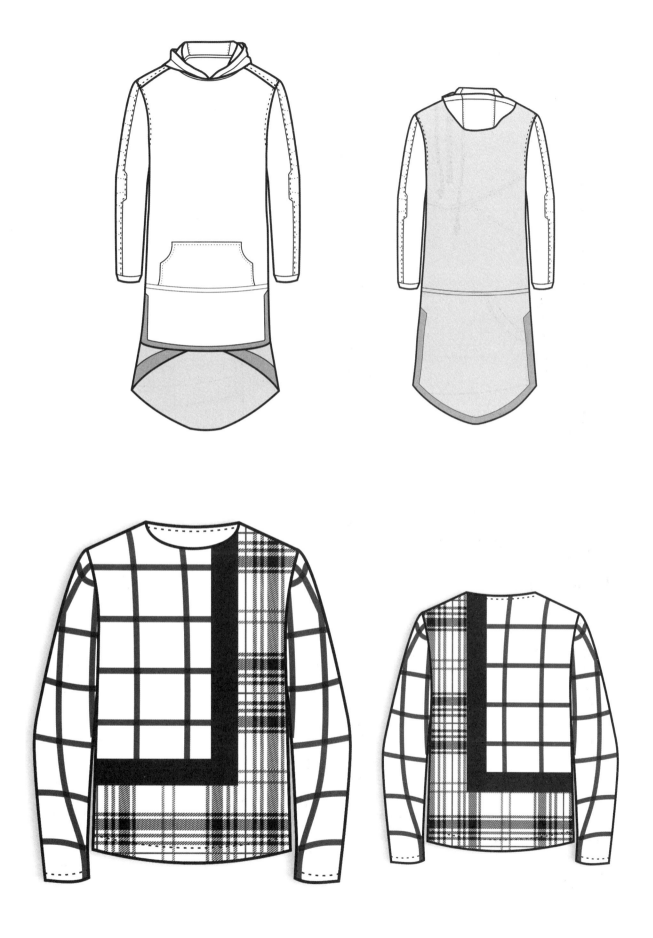

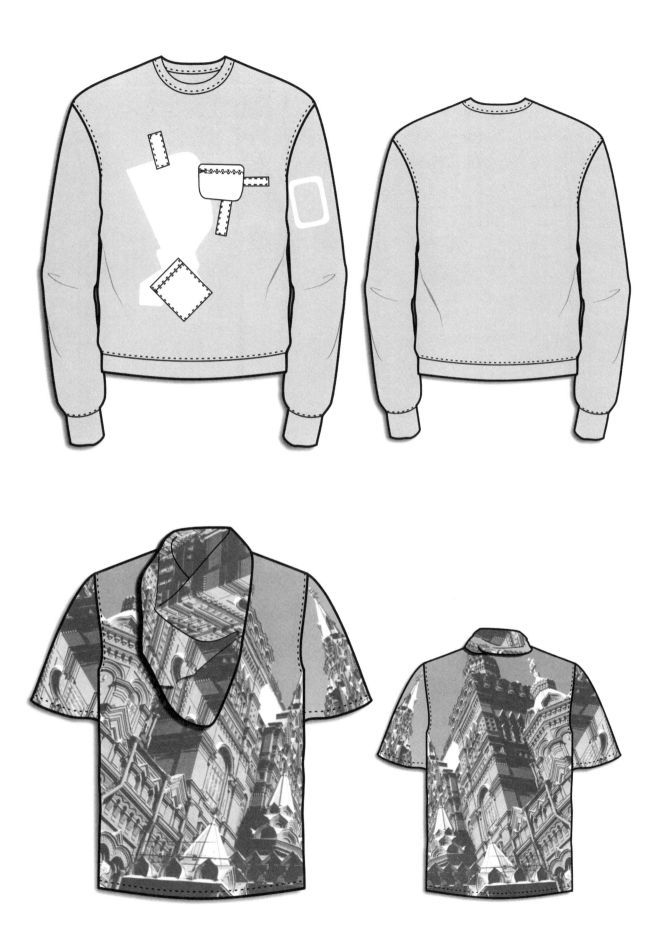

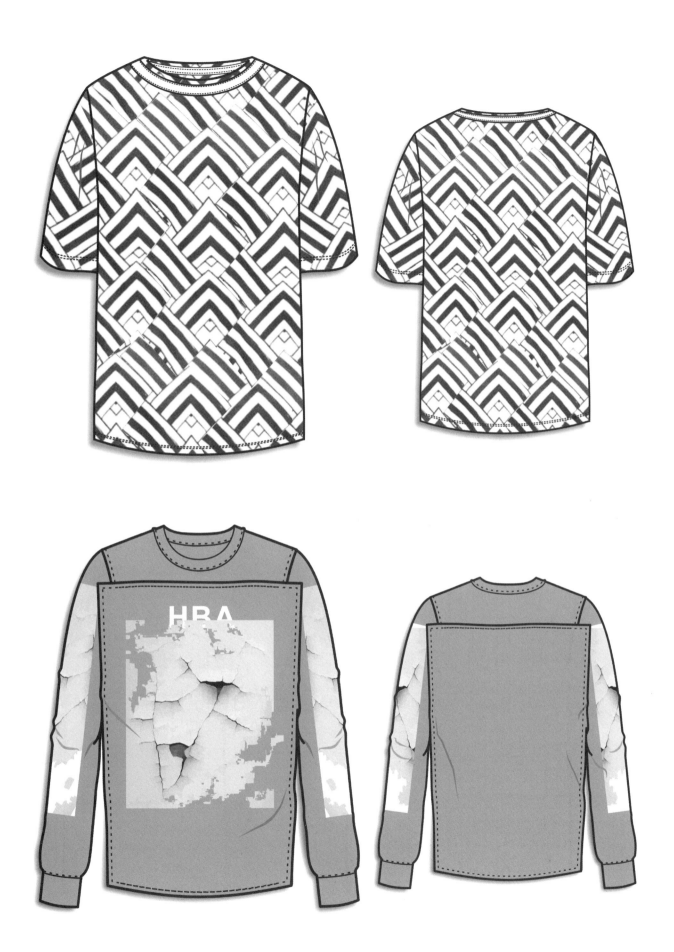

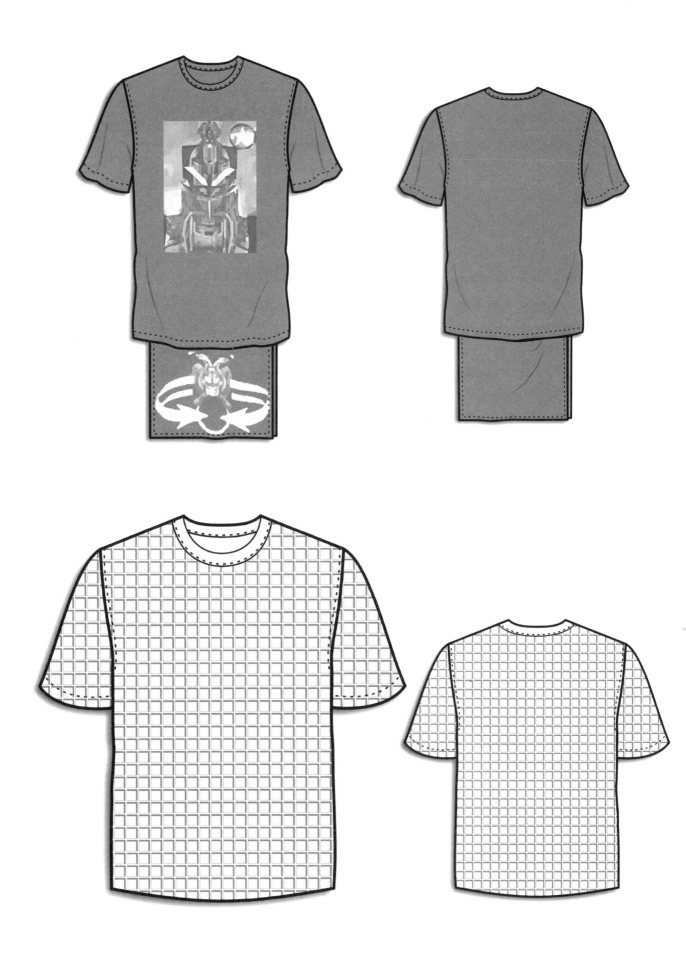

3. 拼接款式

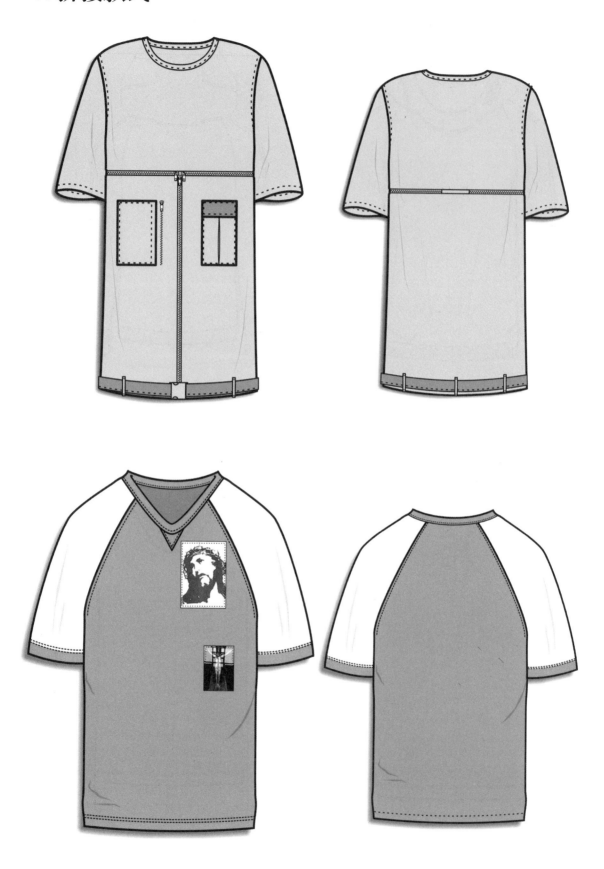

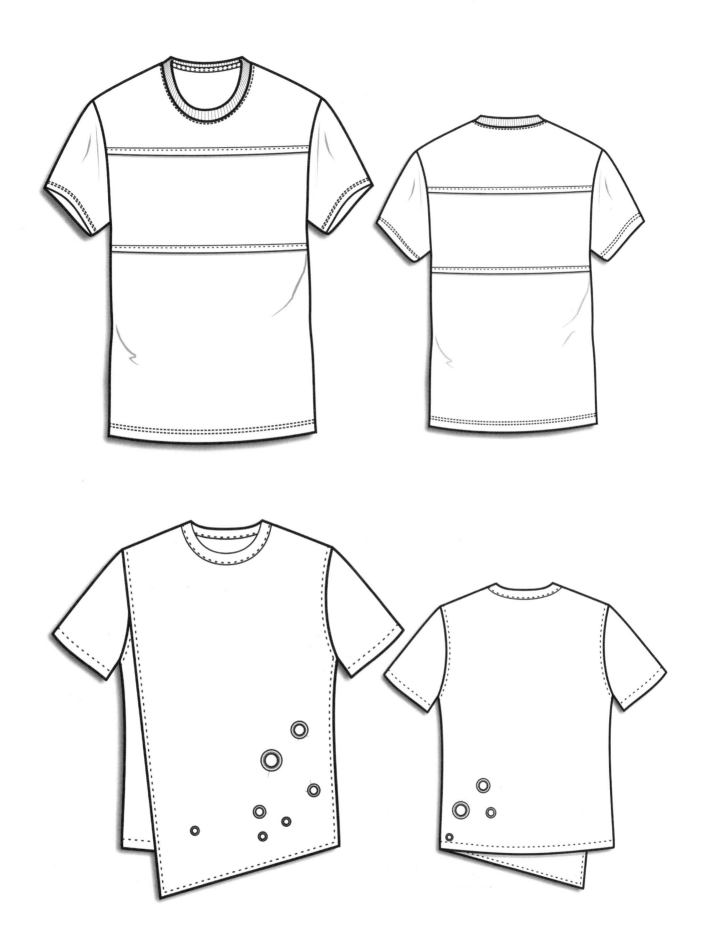

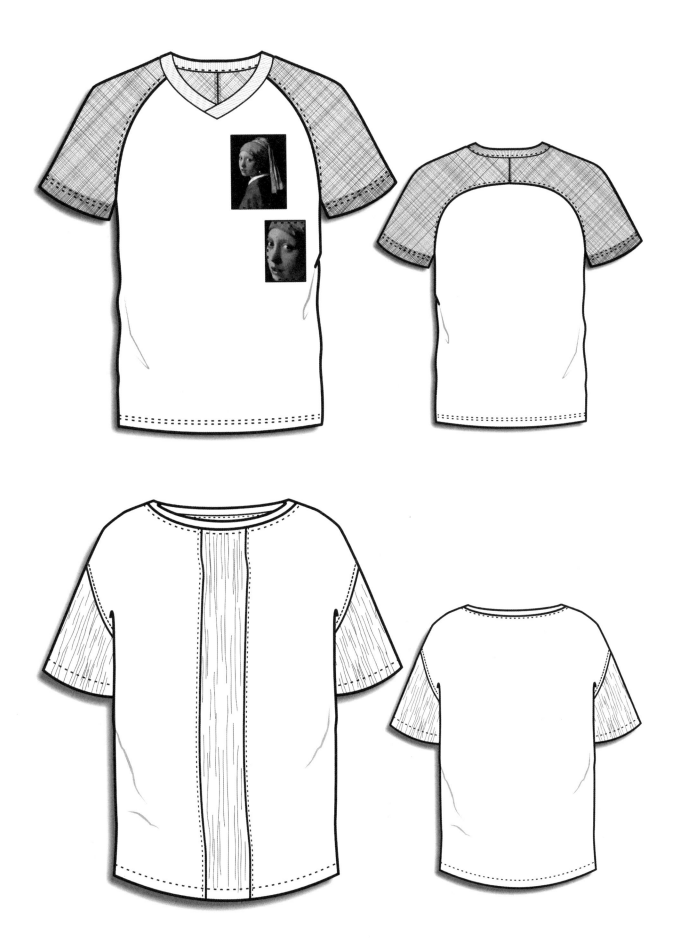

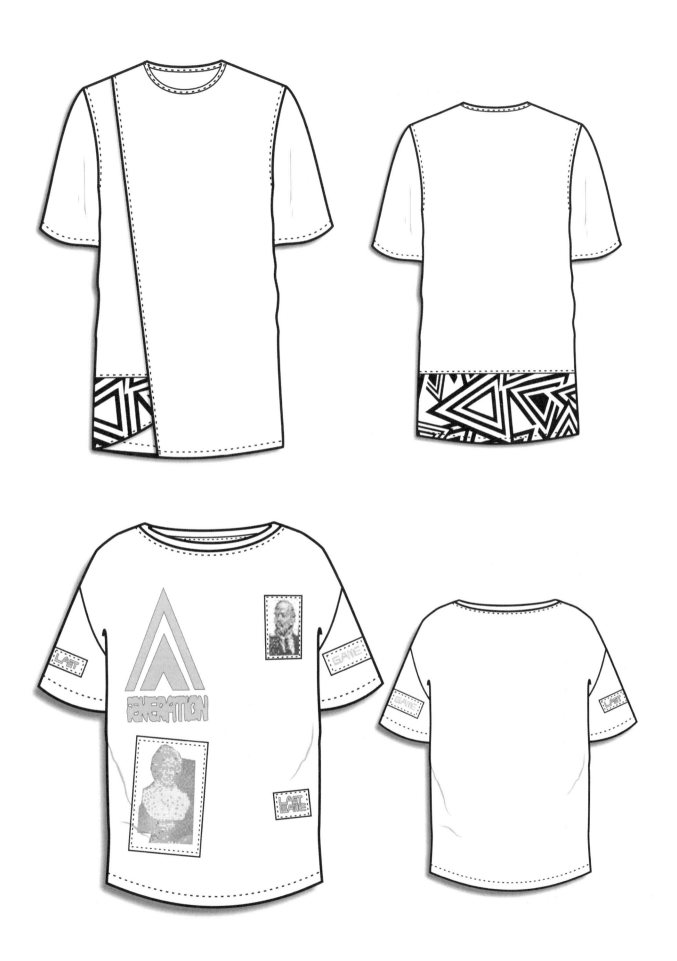

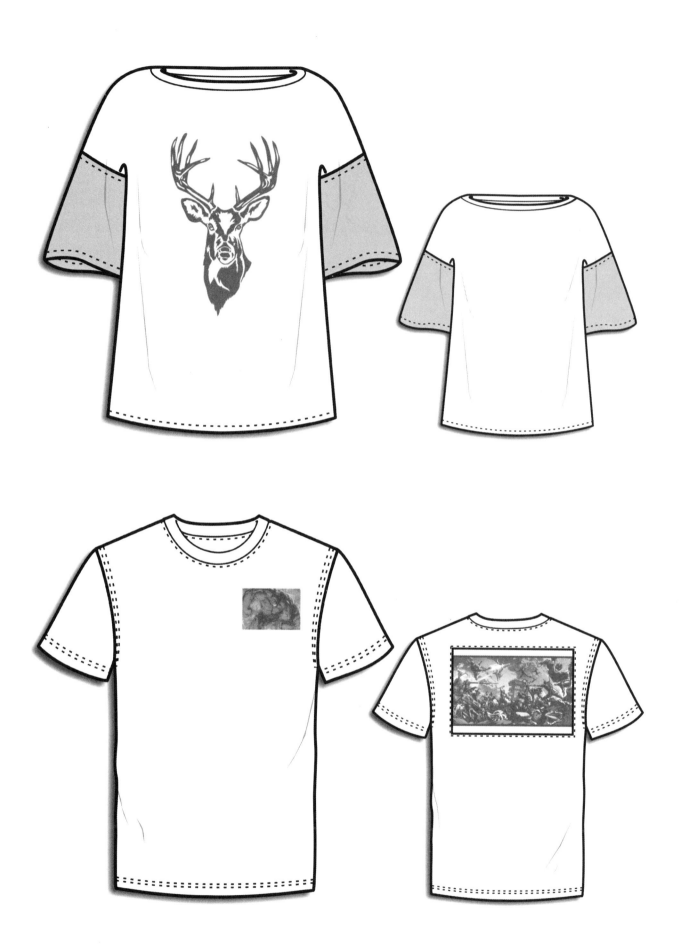

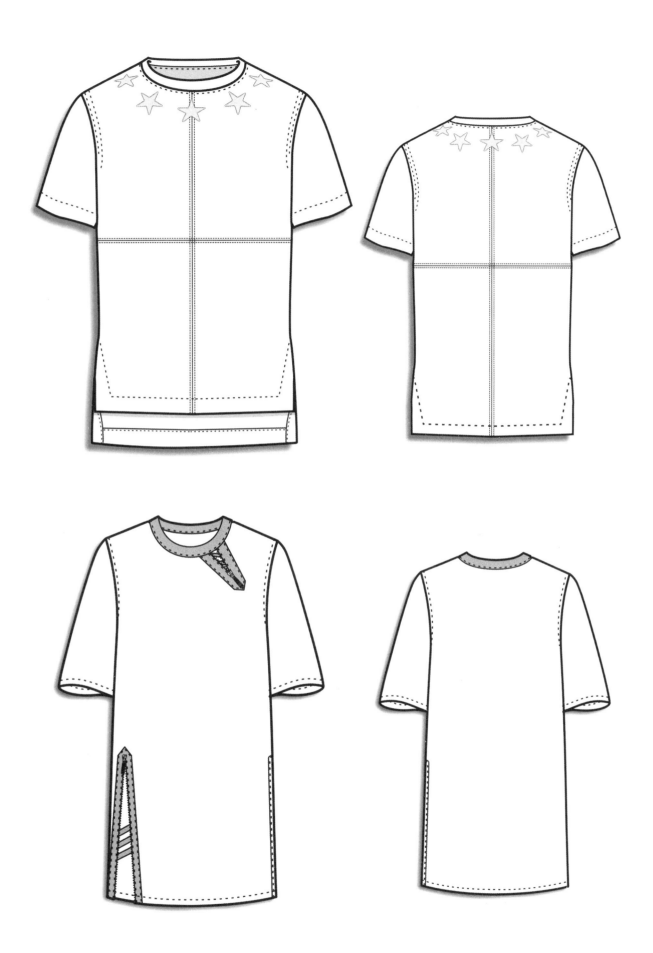

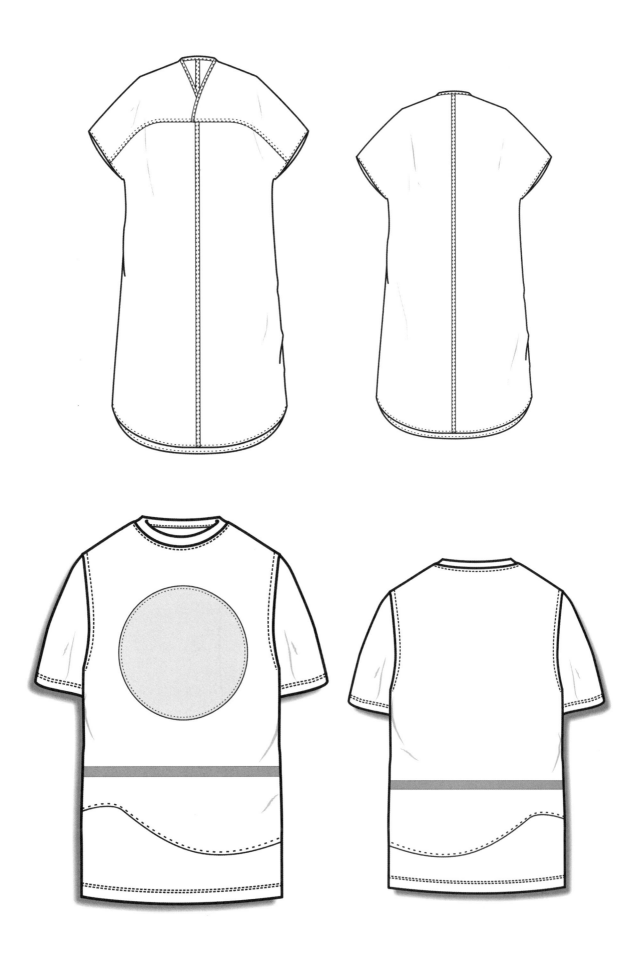

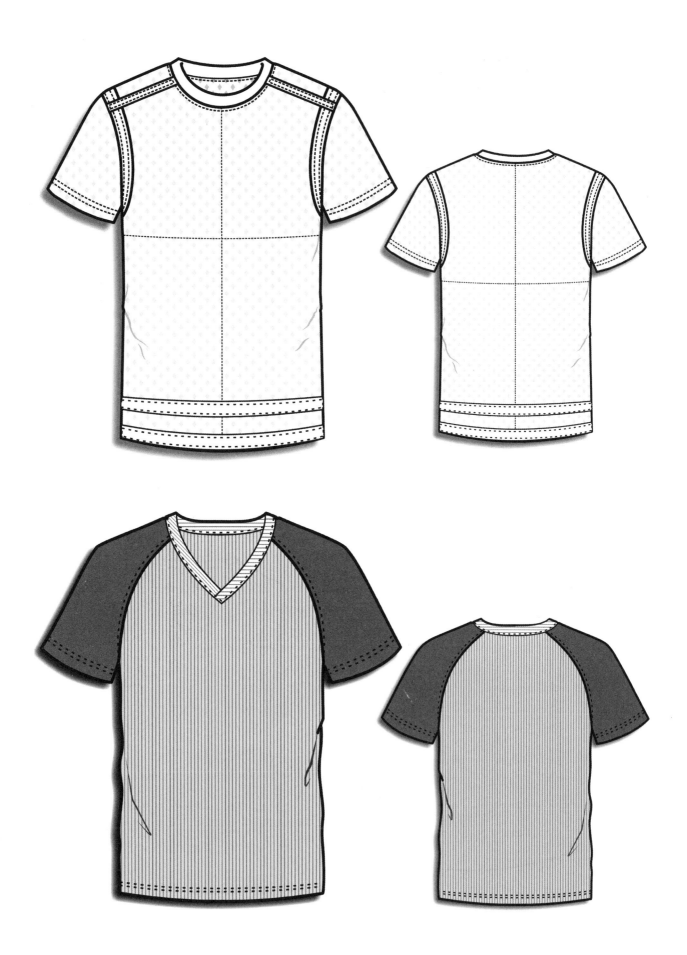

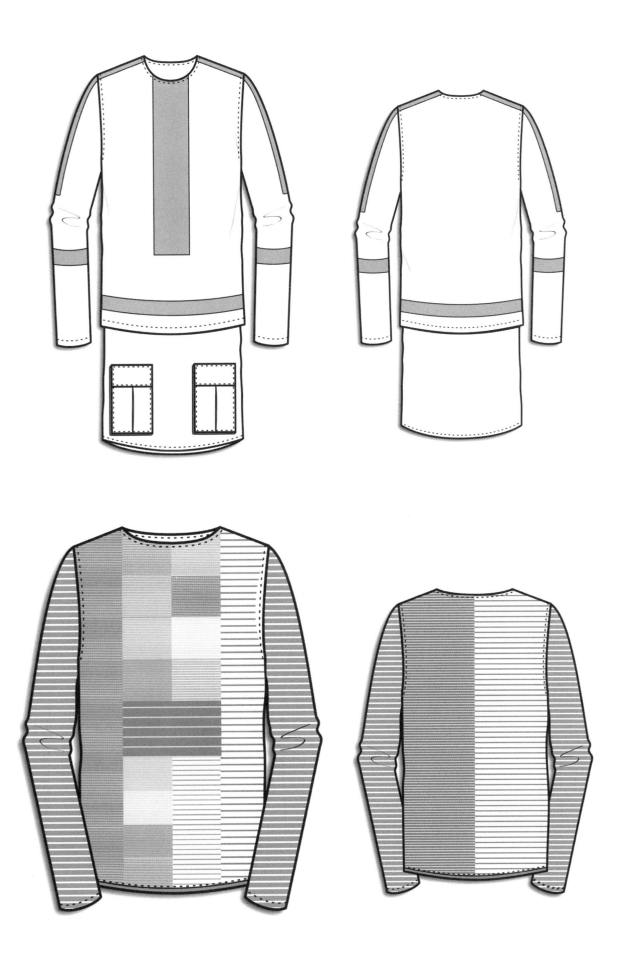

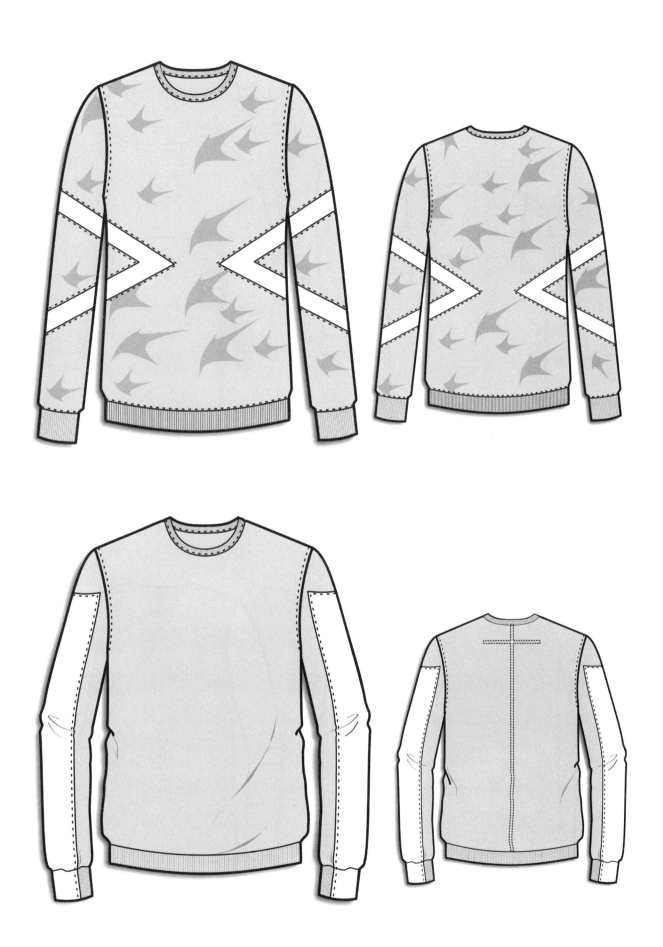

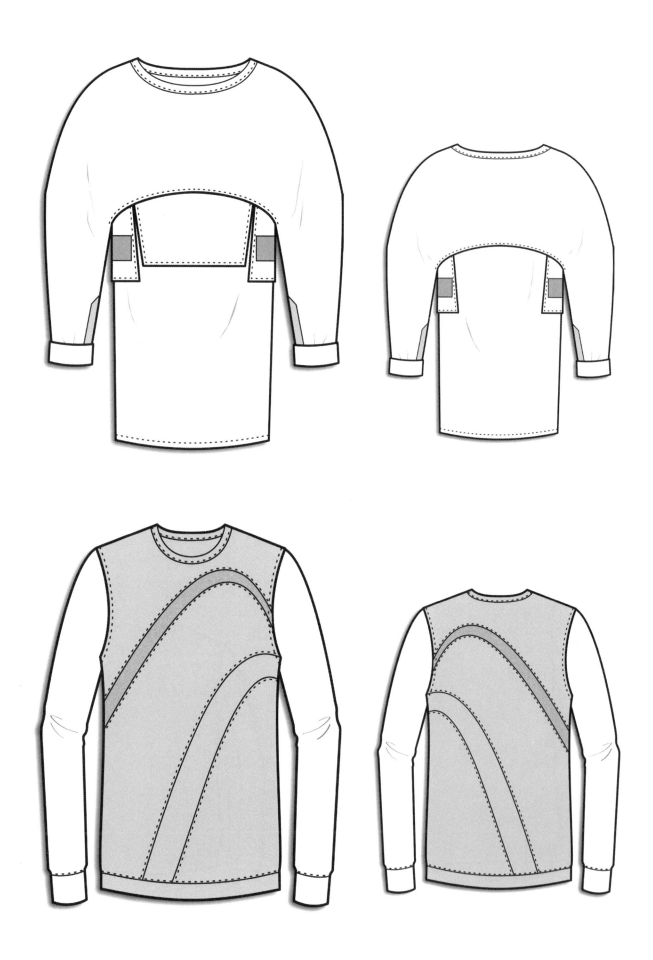

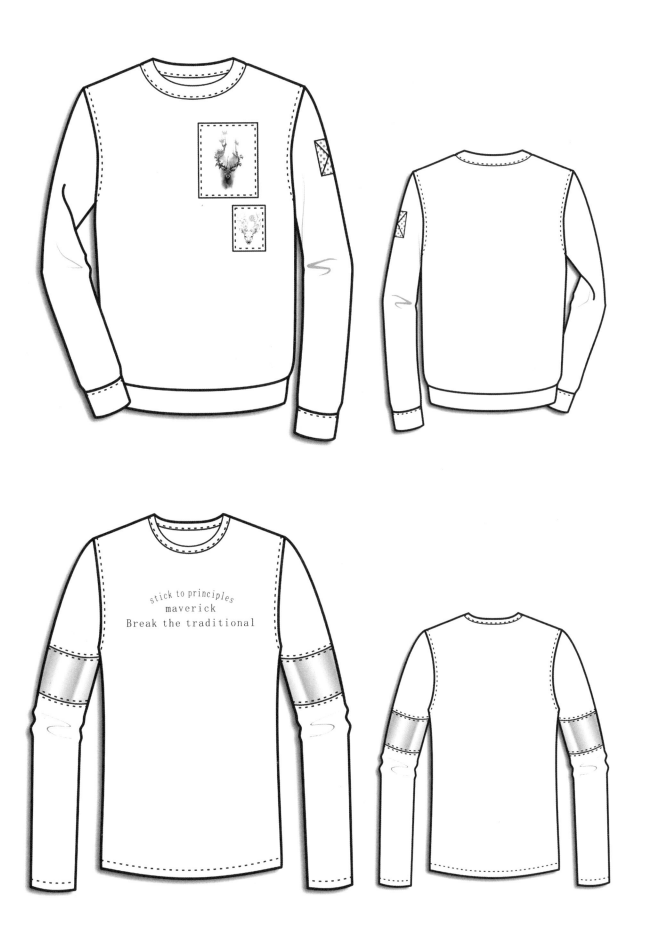

stick to principles
maverick
Break the traditional

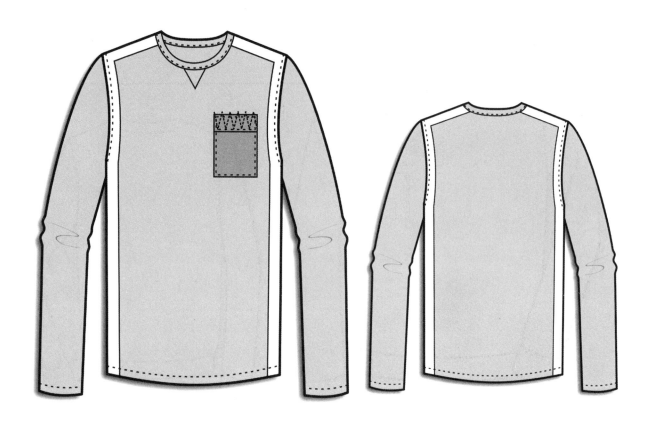

4. 卫衣款式

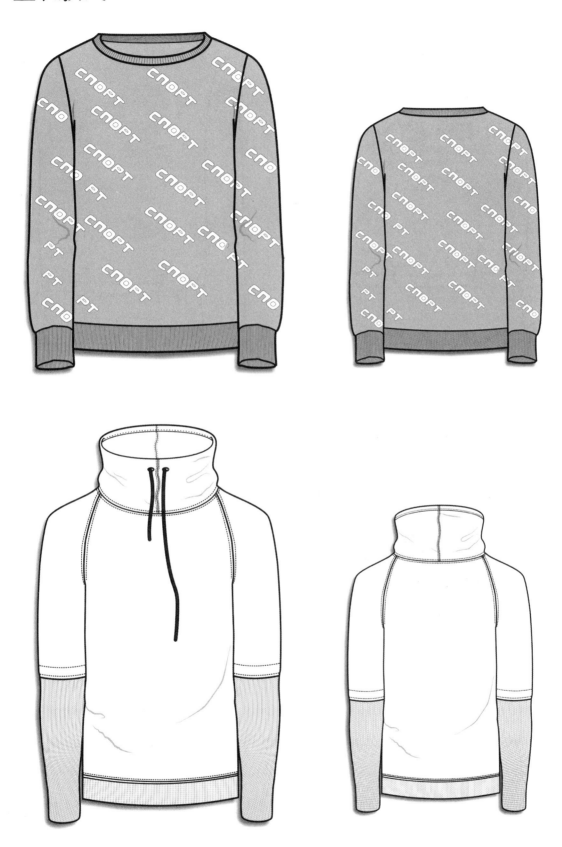

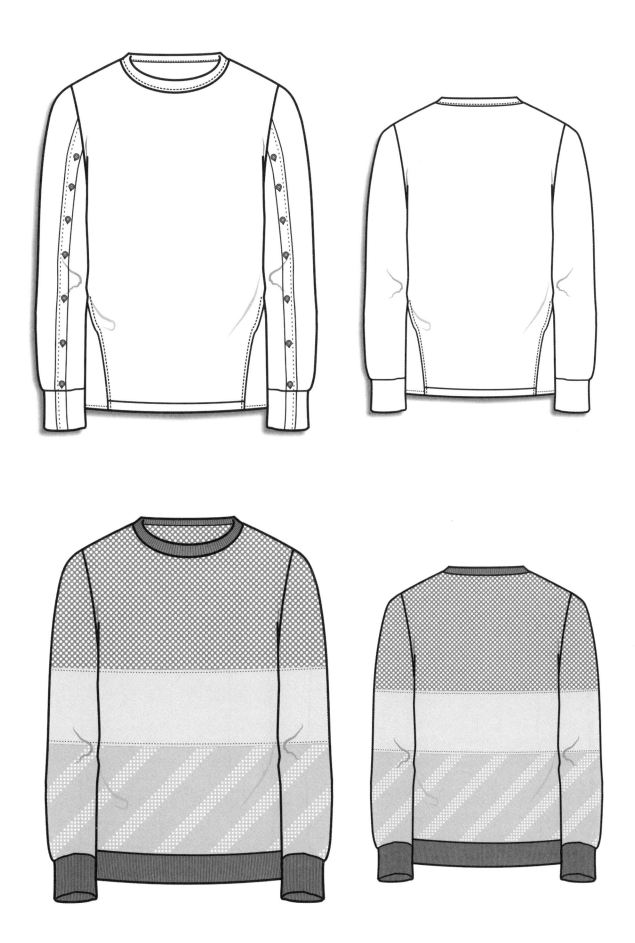

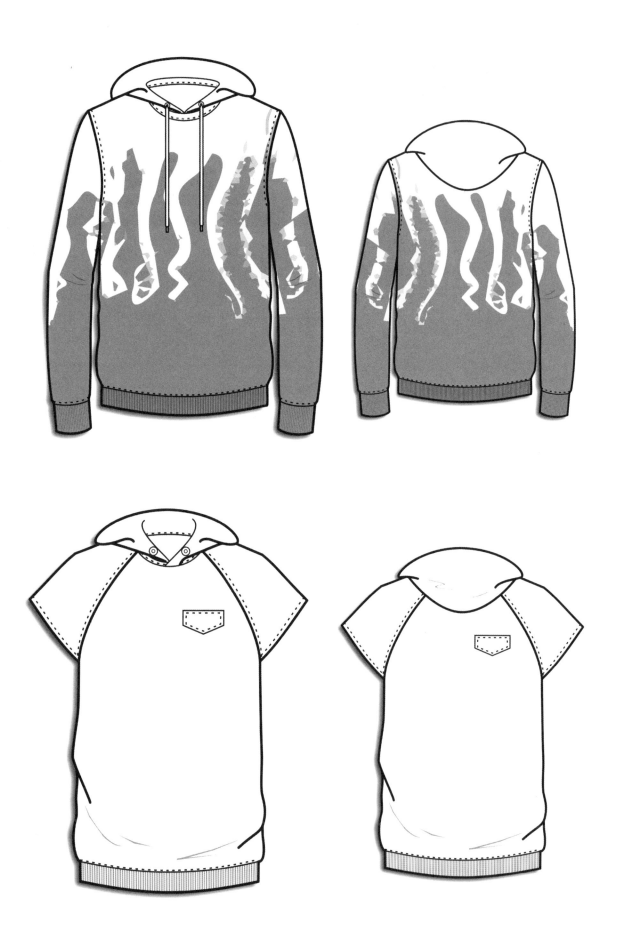

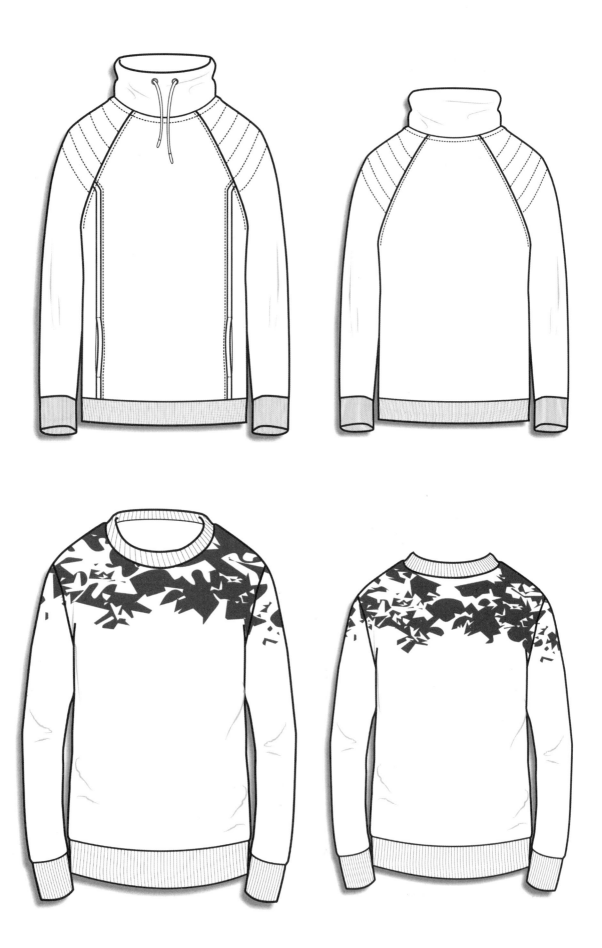

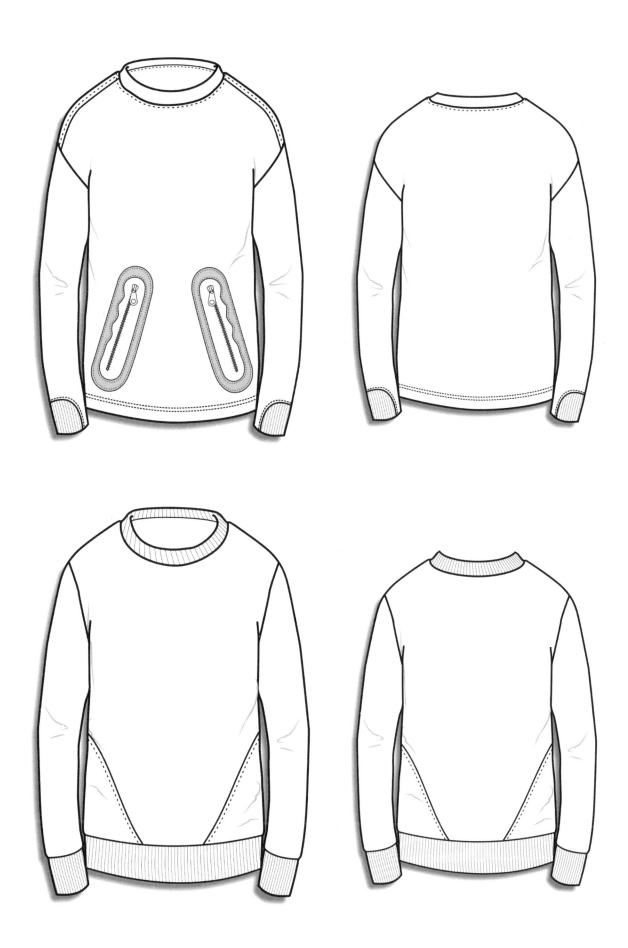

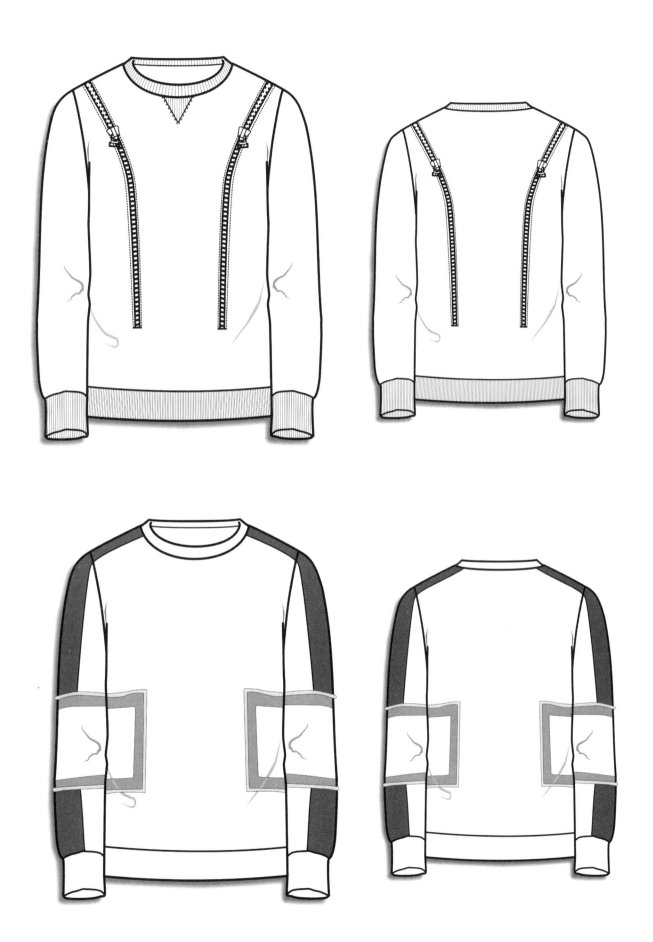

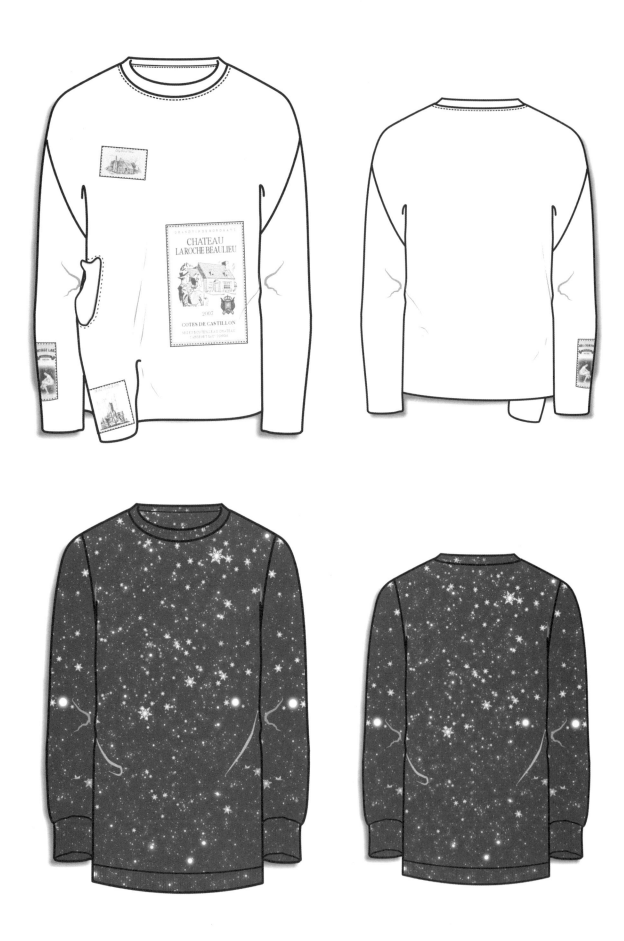

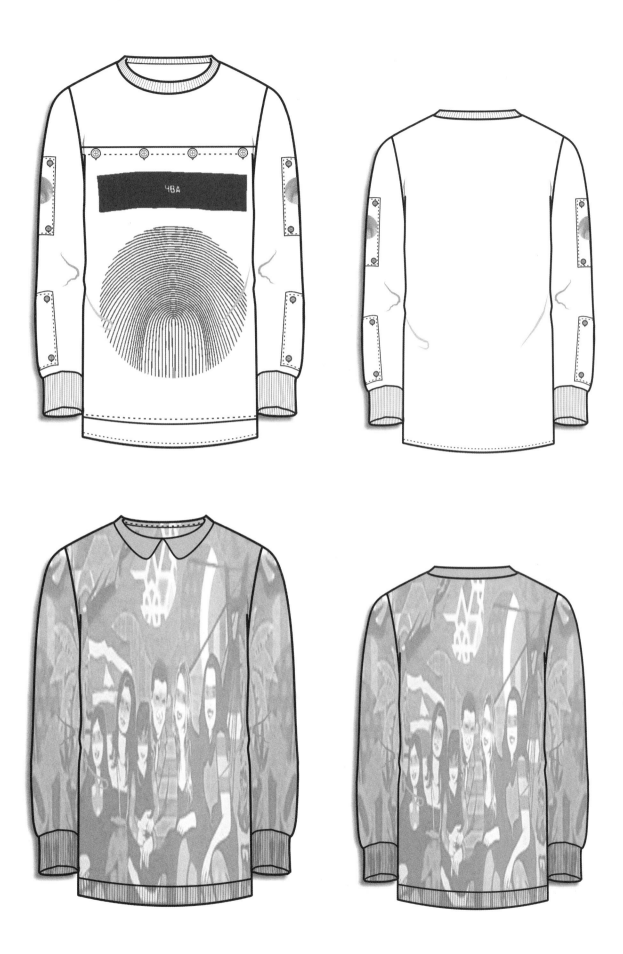

5. 印花款式

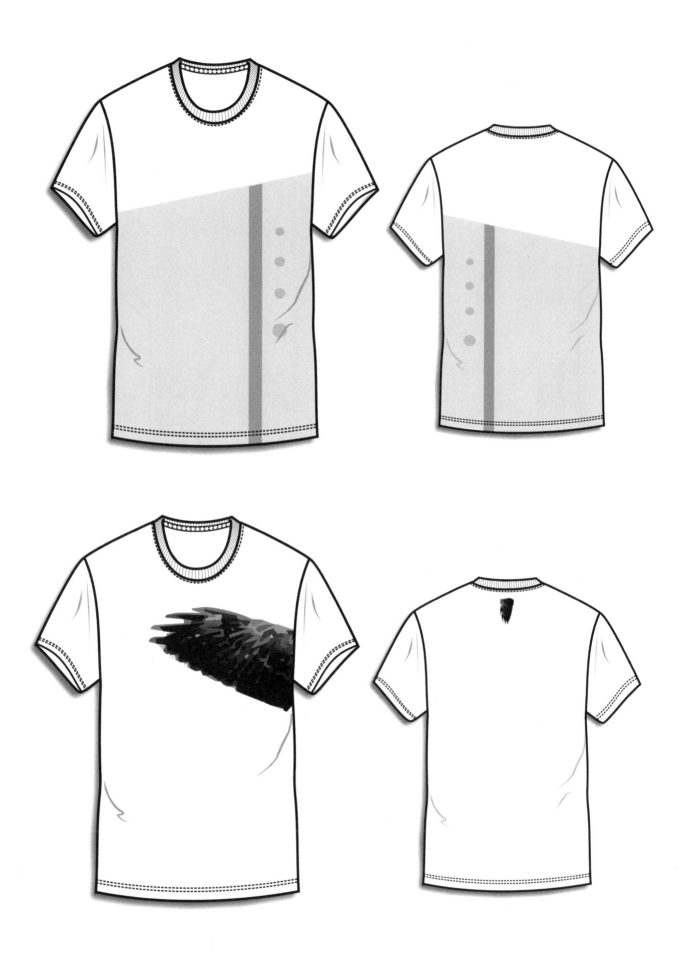

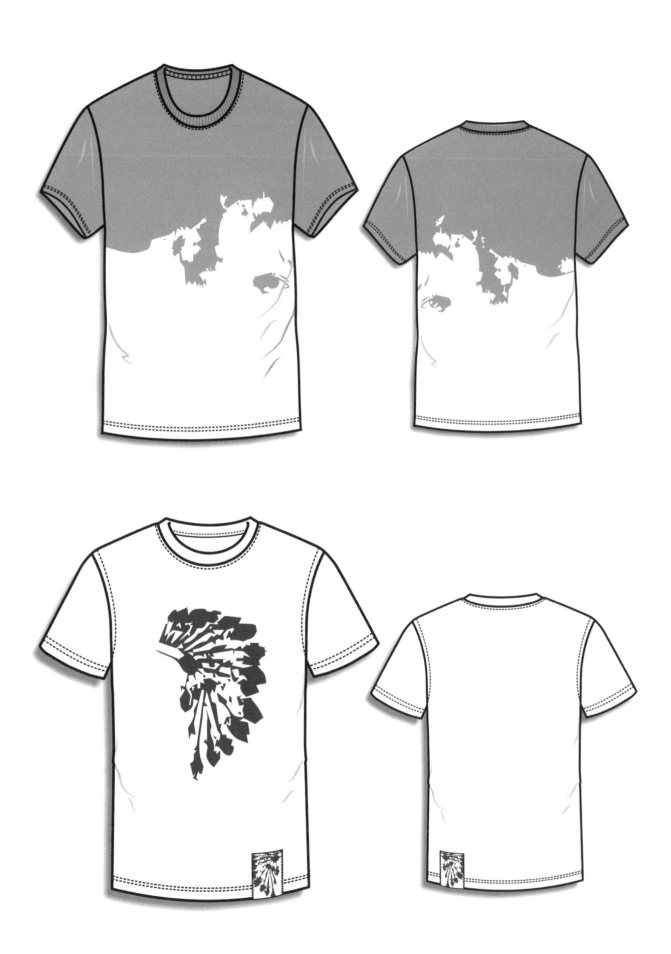

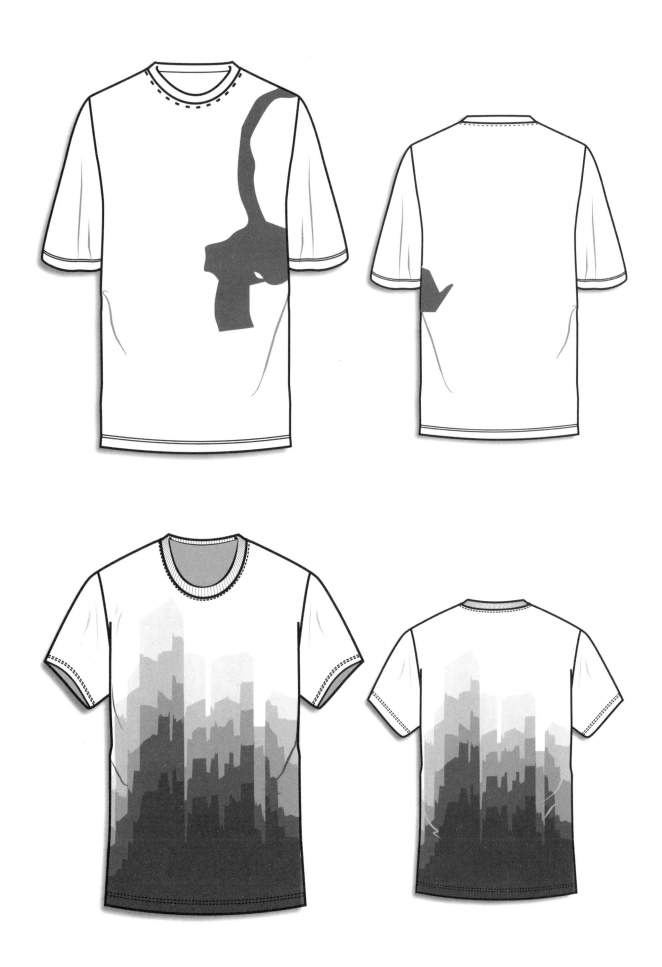

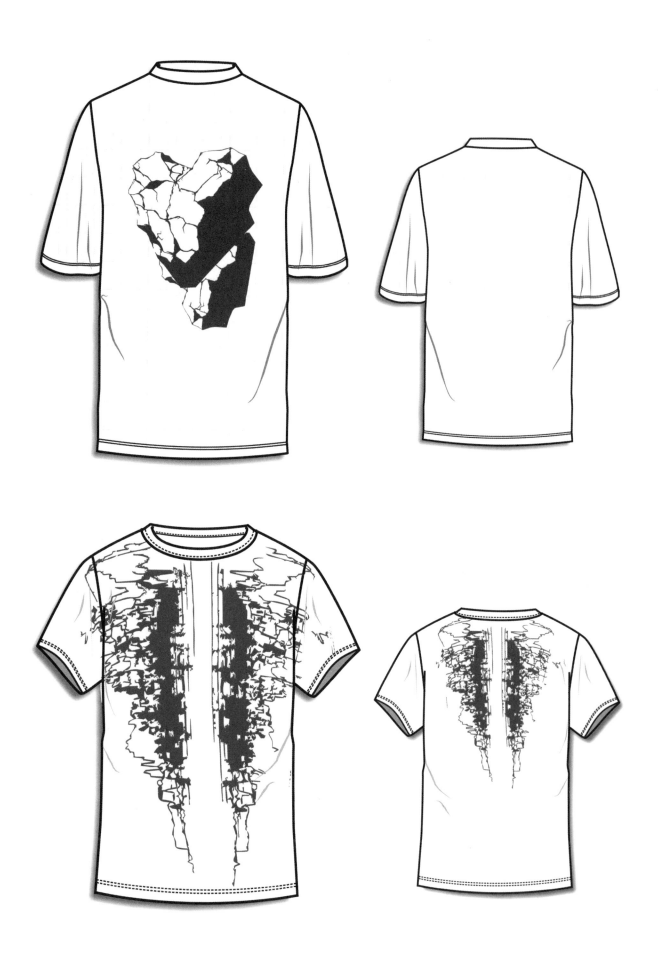

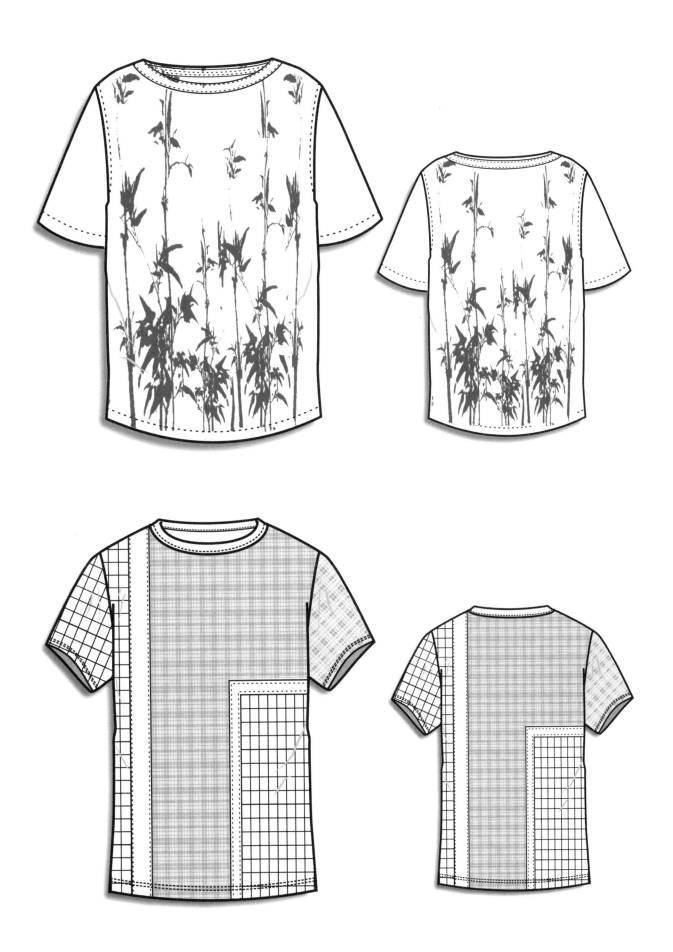

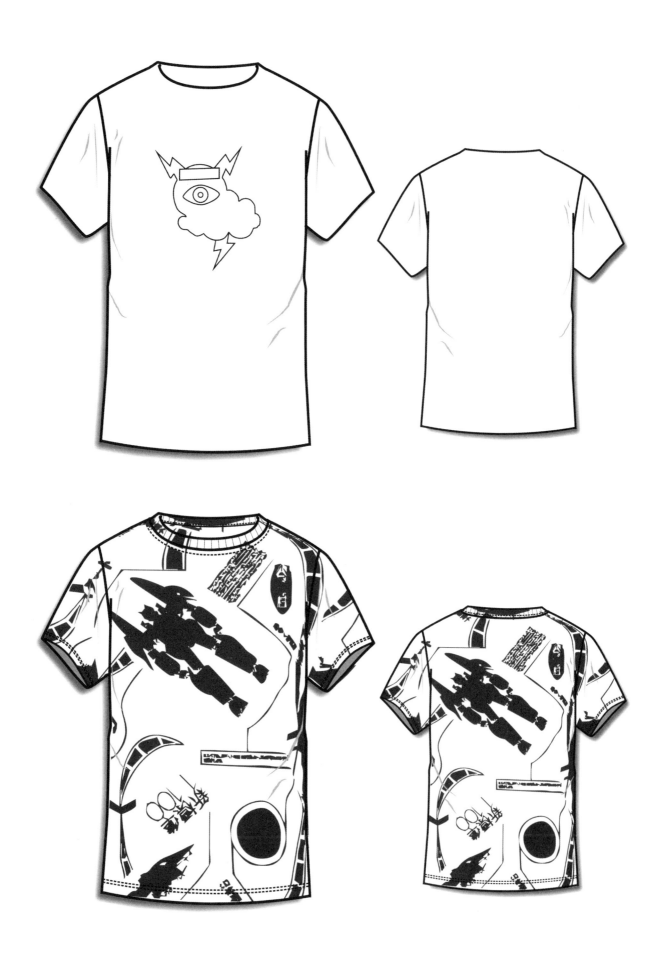

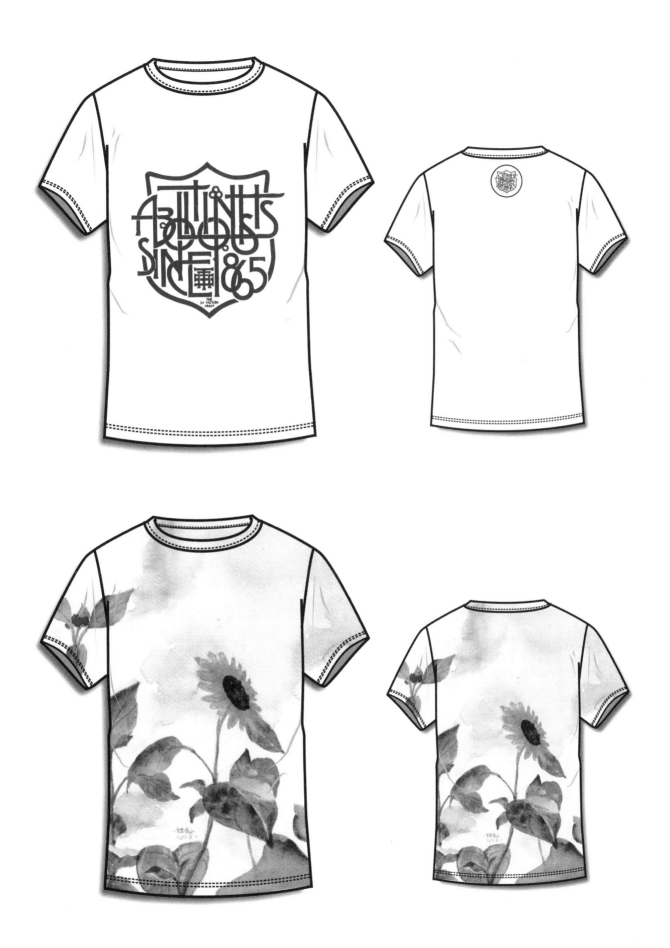

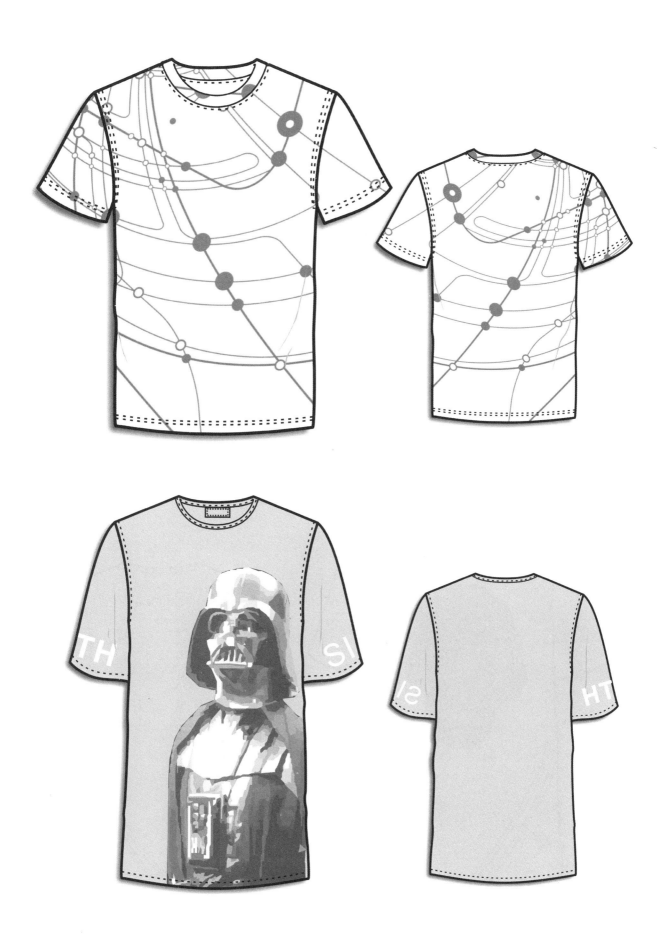

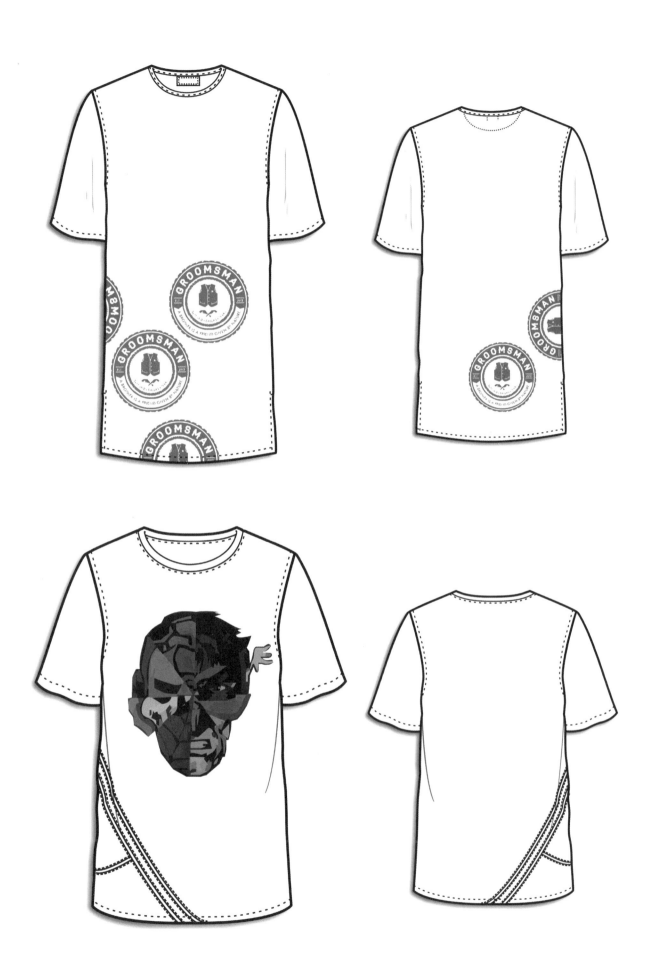

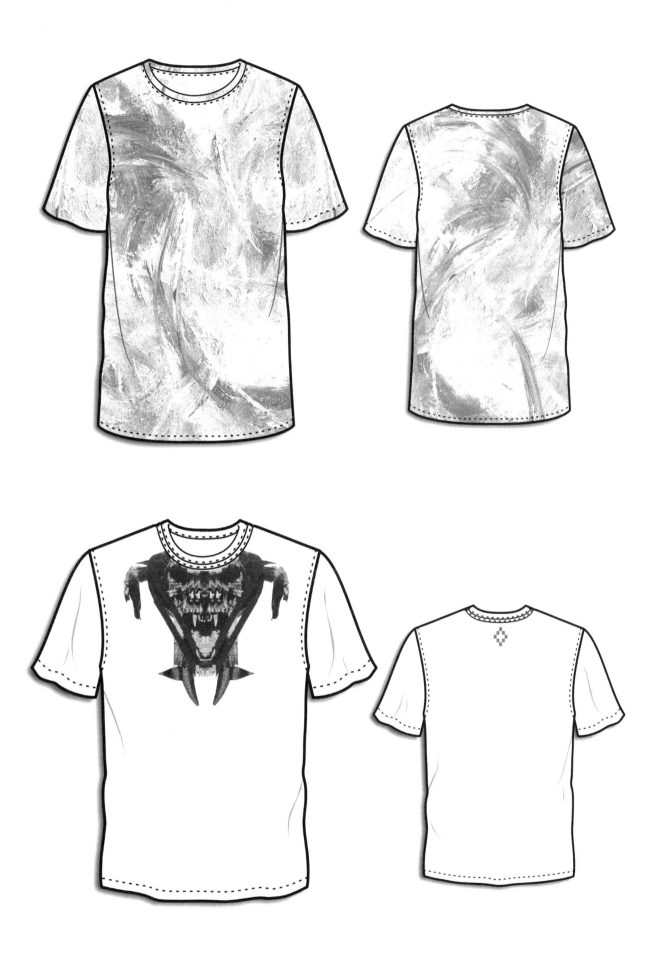

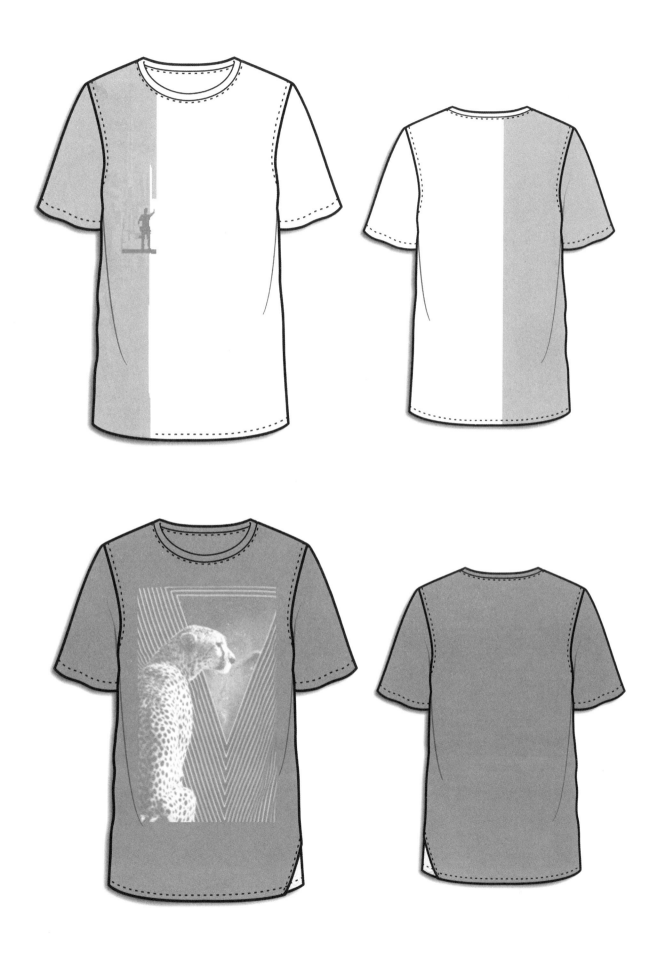

All my
friends
are dead.

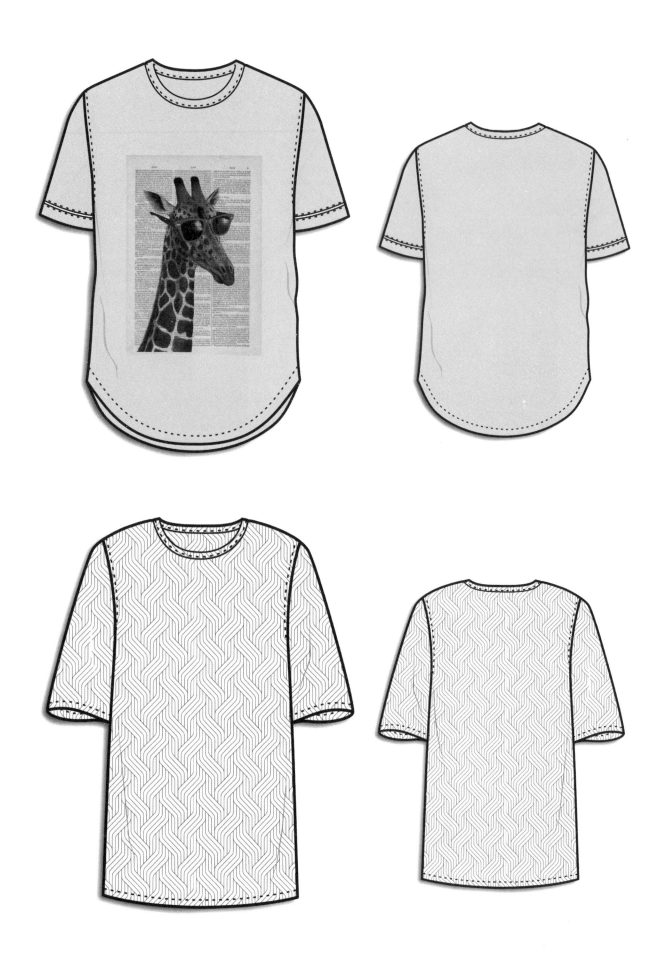

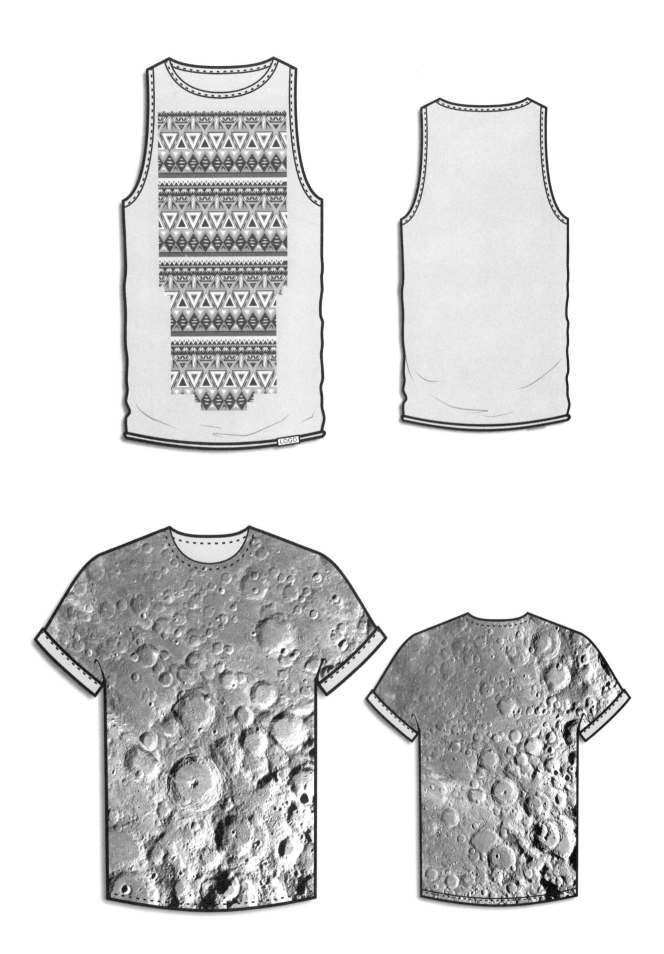

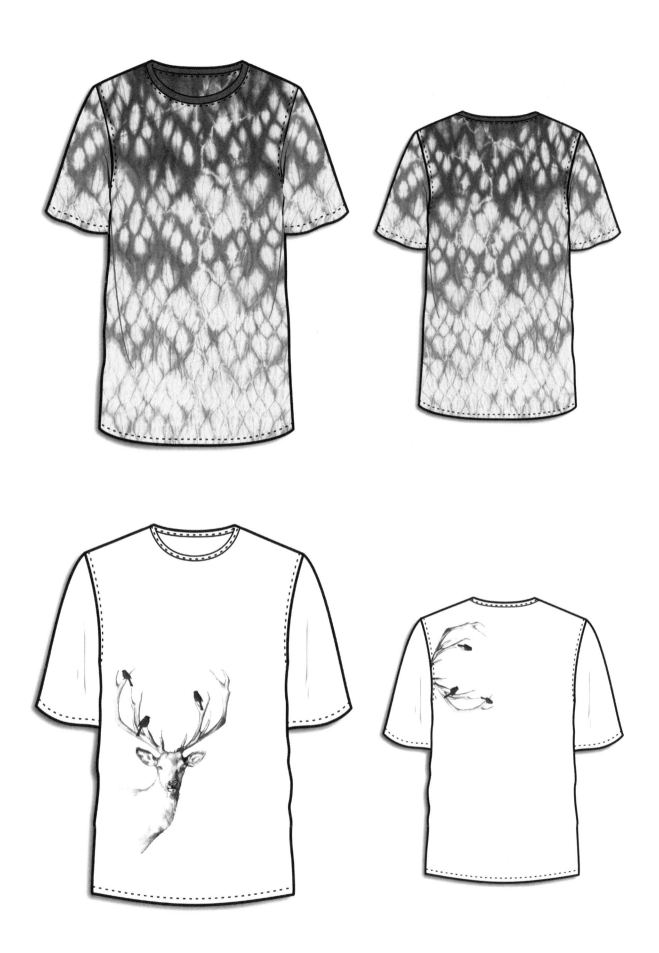

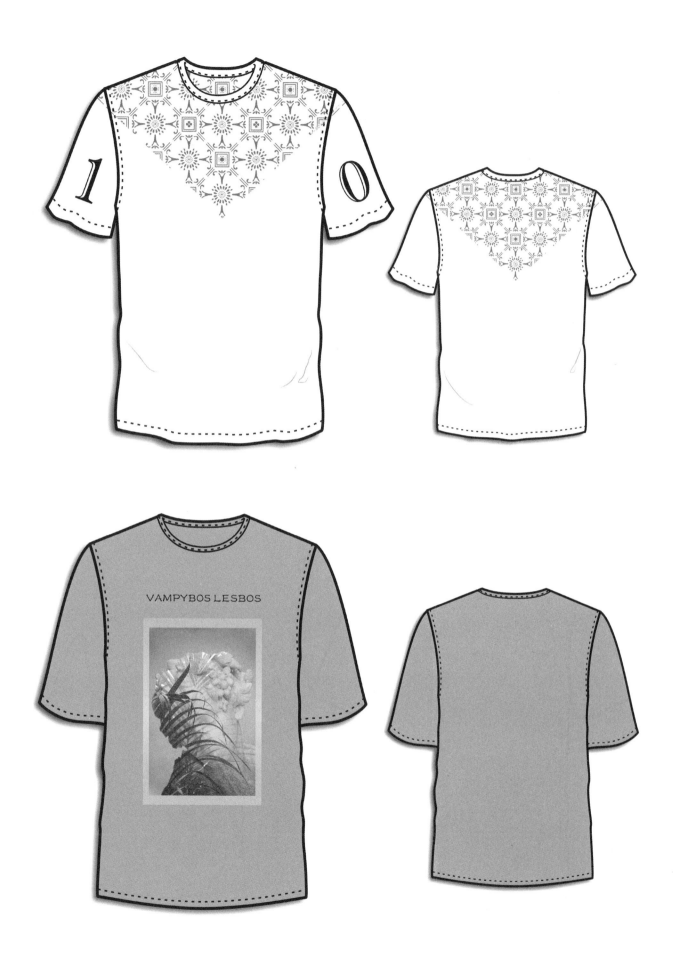

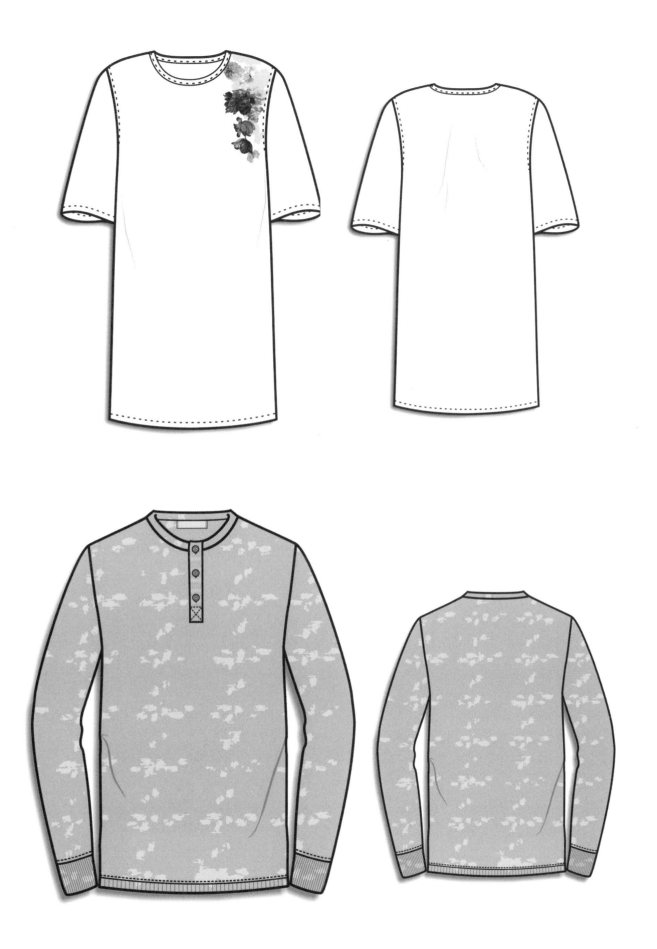

6. 针织款式

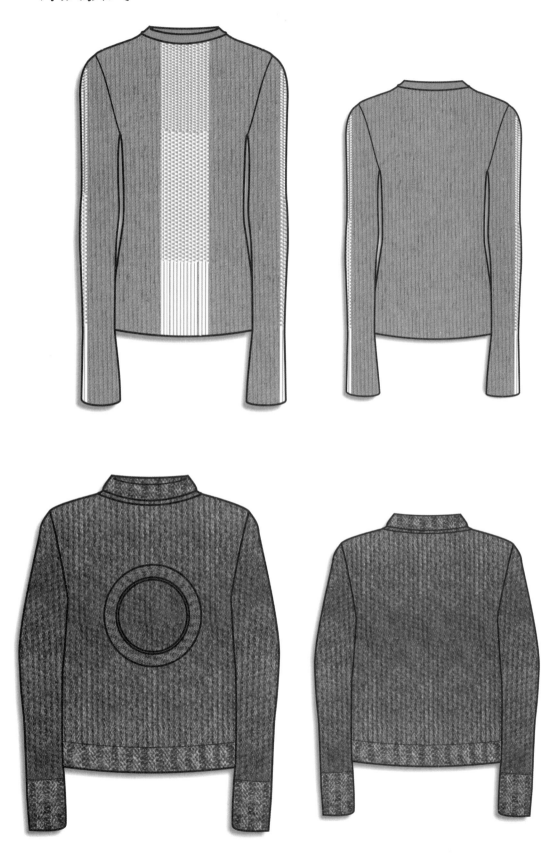

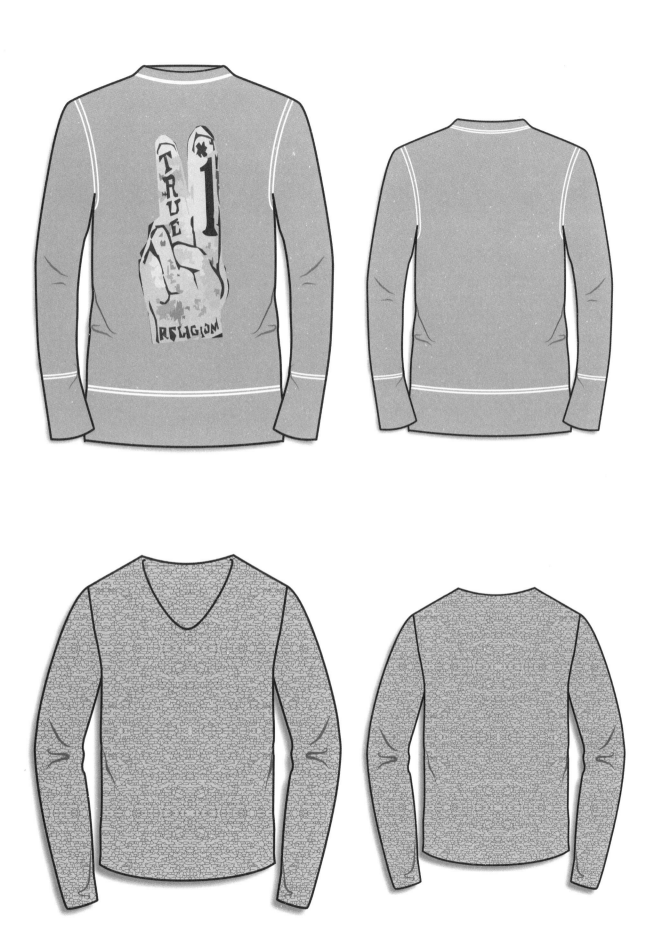

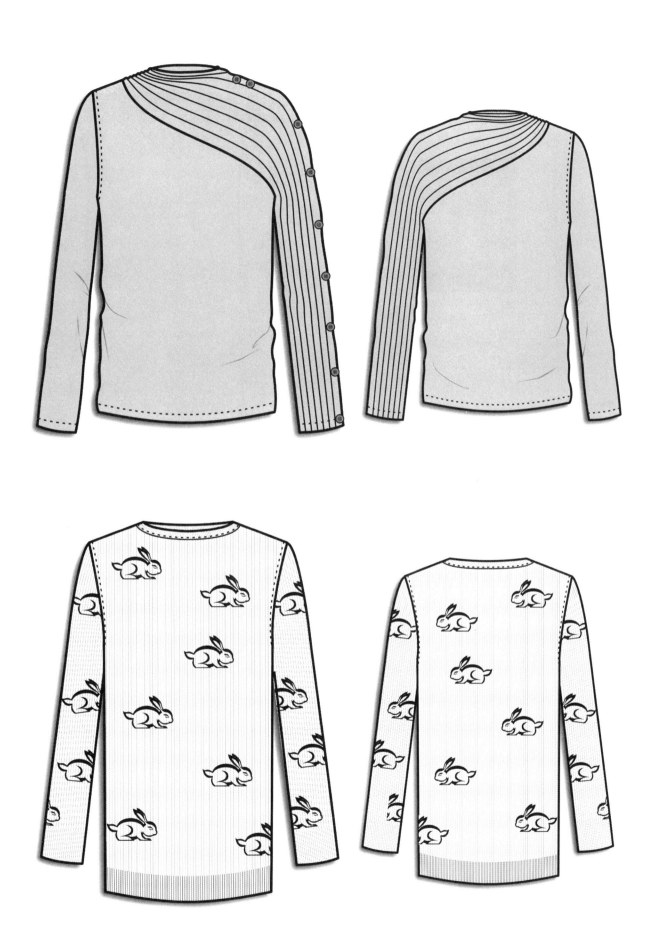

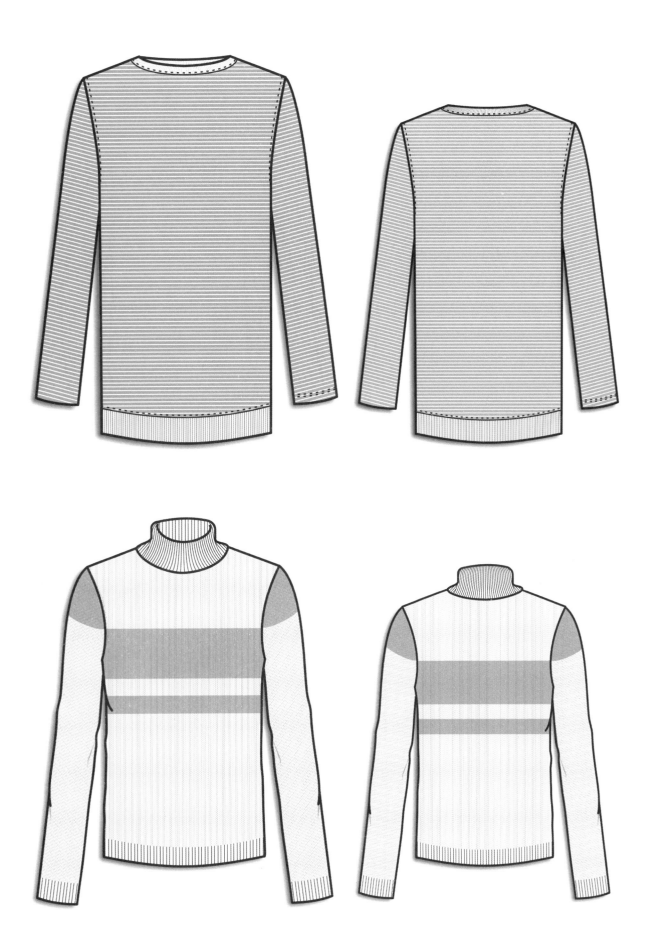

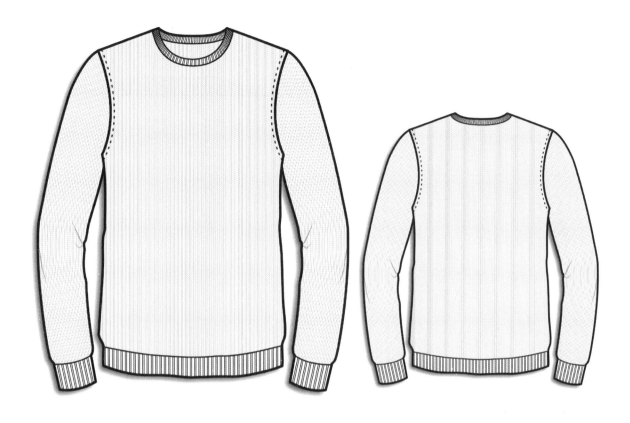

7.POLO 款式

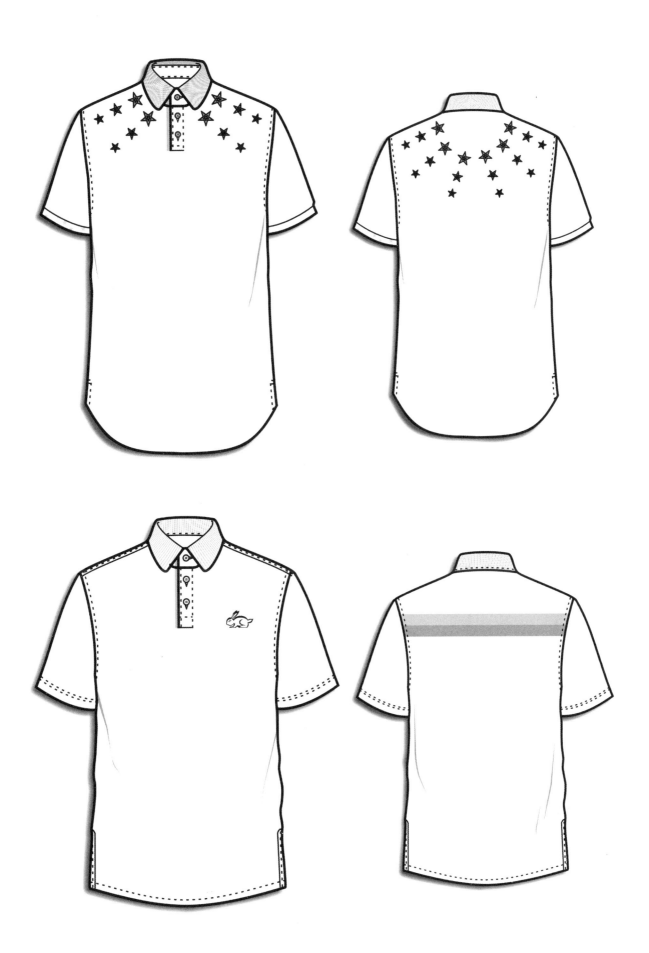

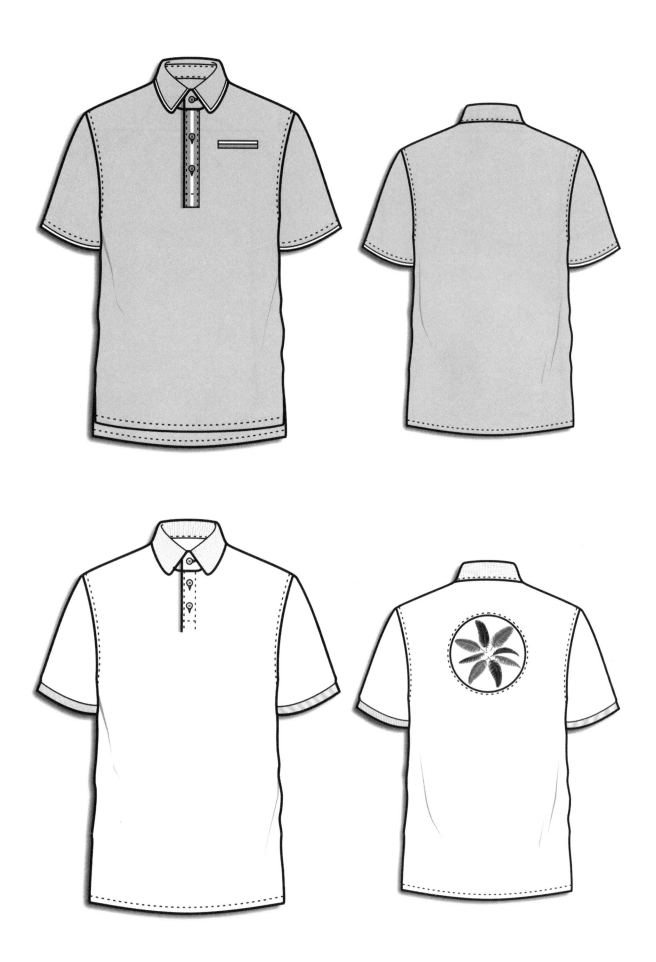

8. 其他款式

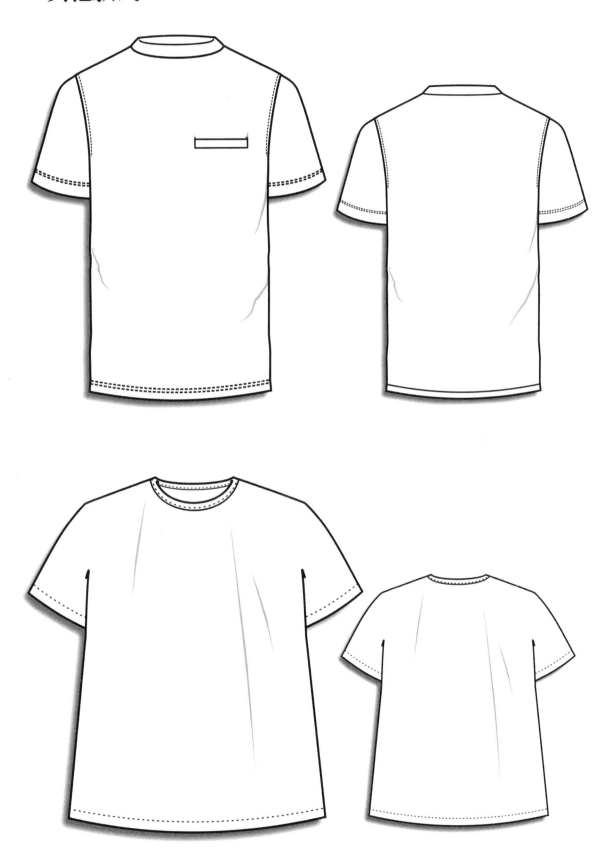

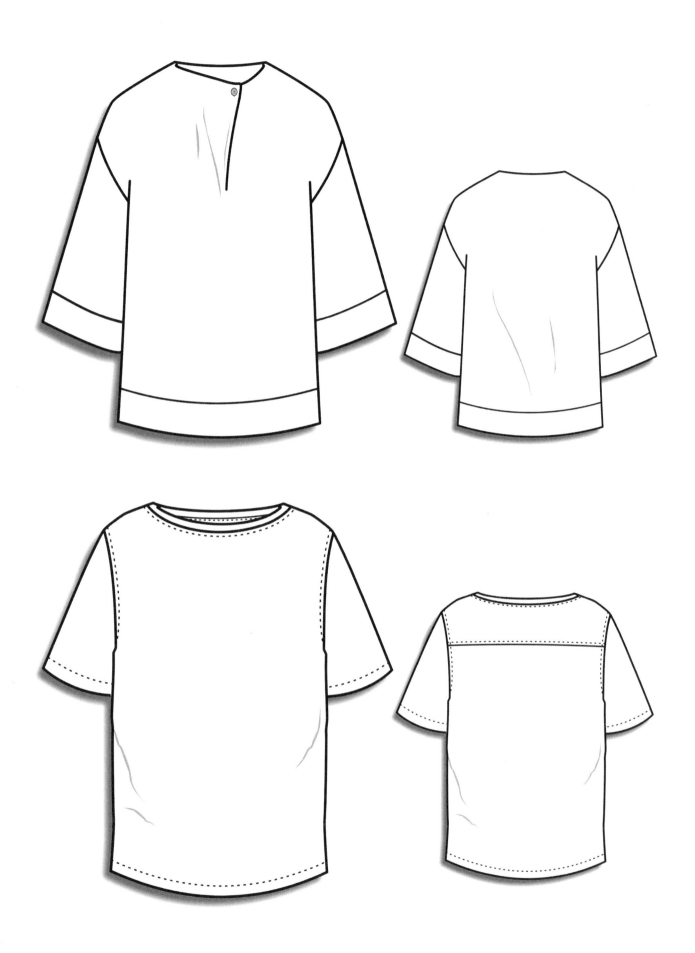

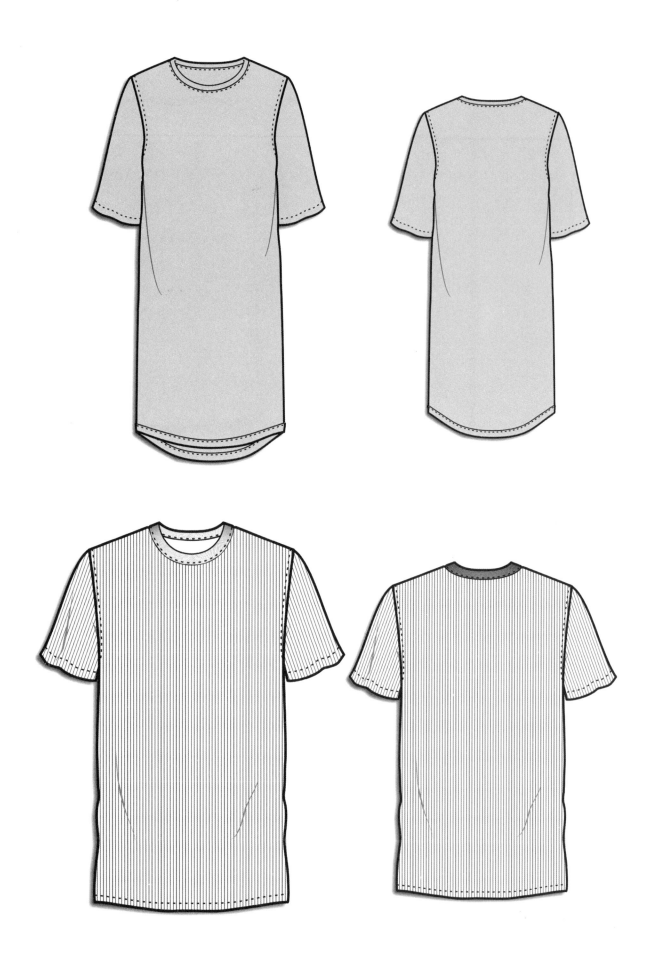

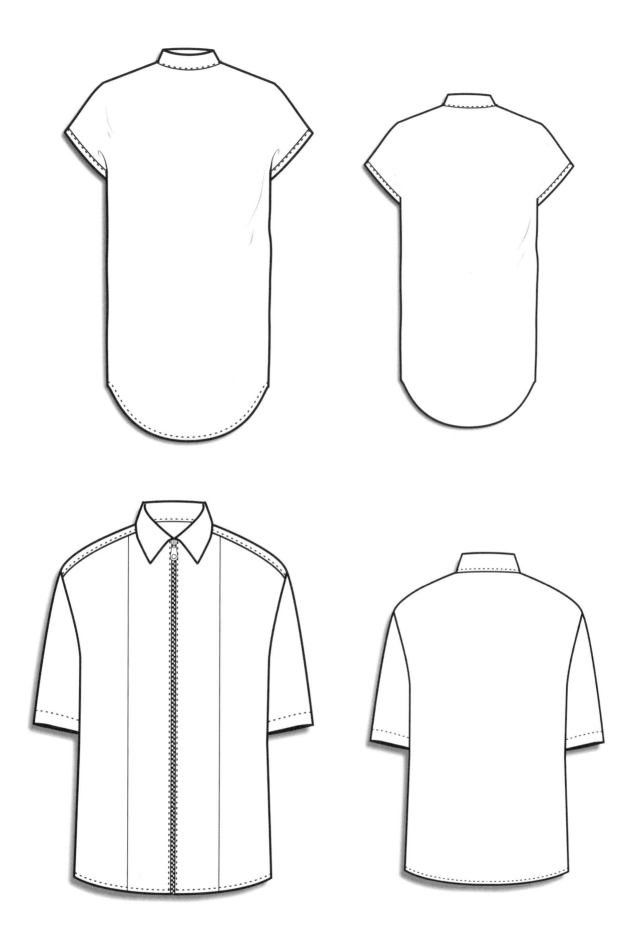

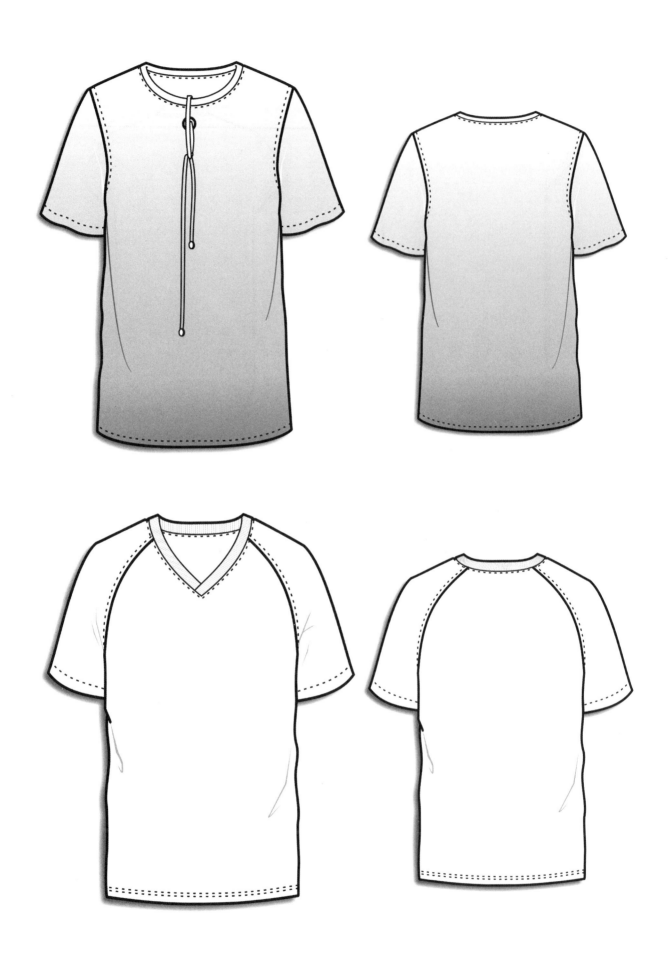

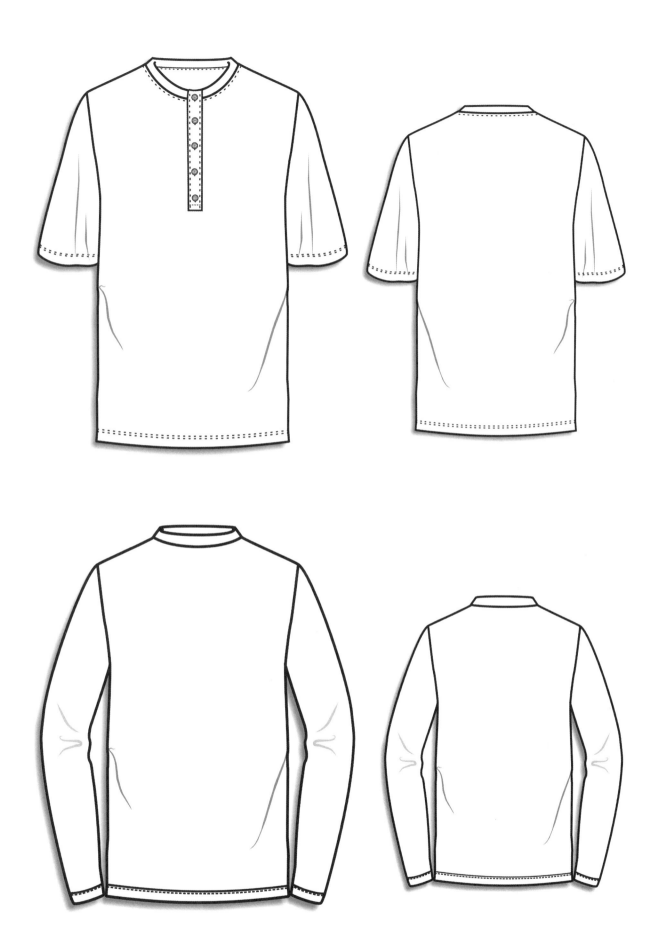

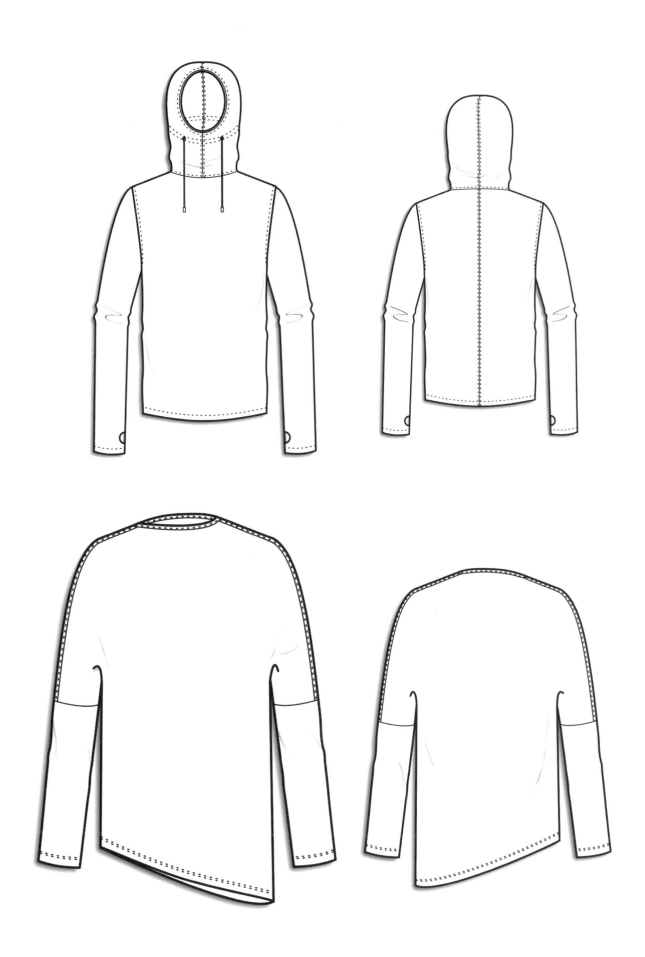

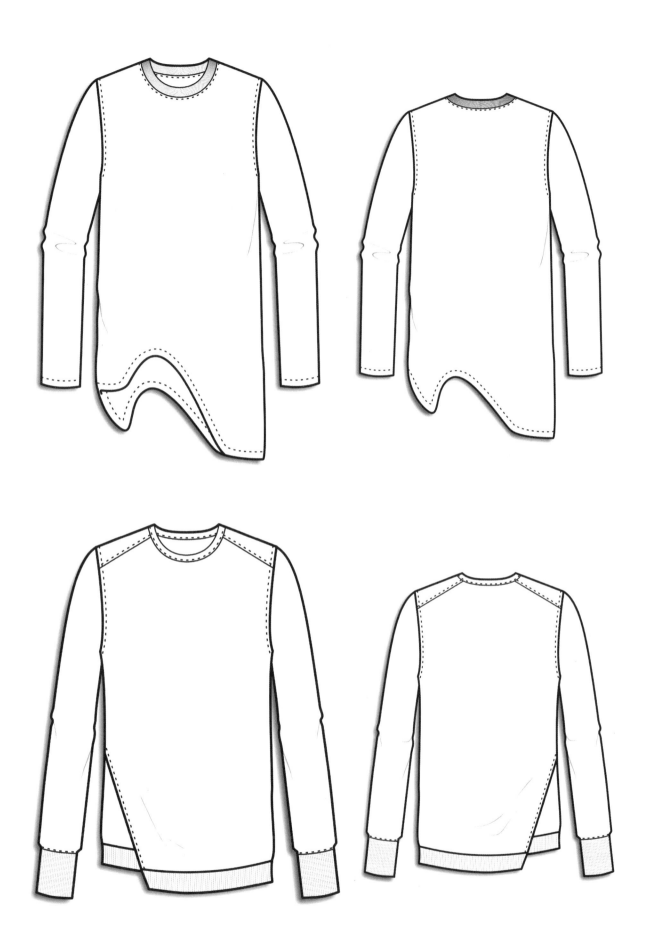

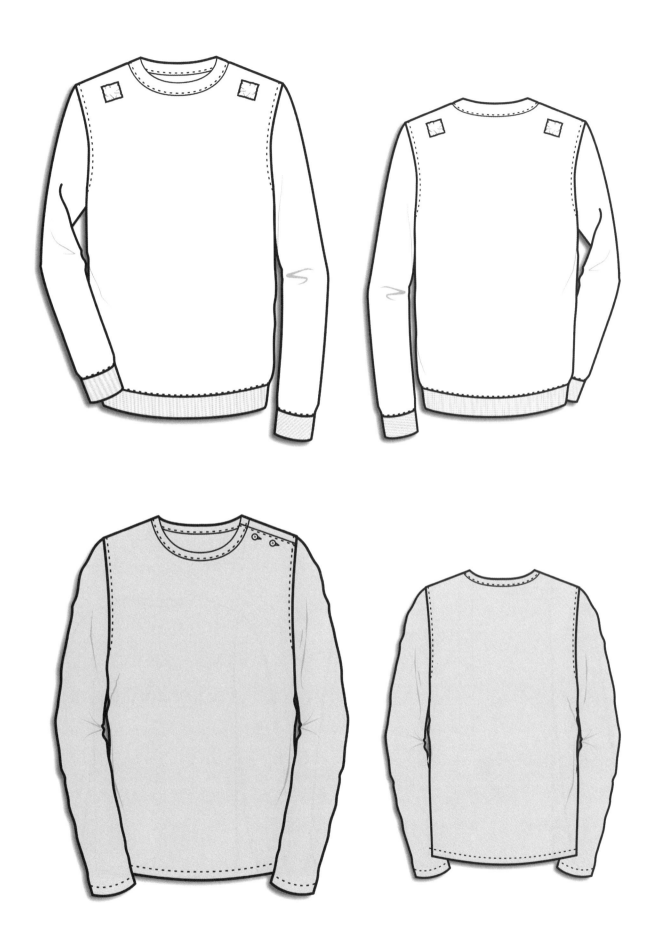

第四章

款式局部细节设计

衬衣后片细节设计

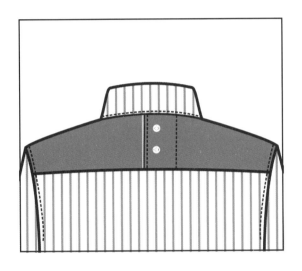

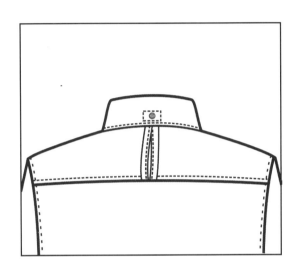

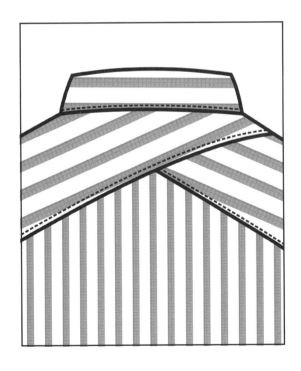

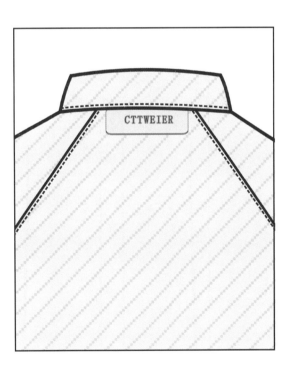

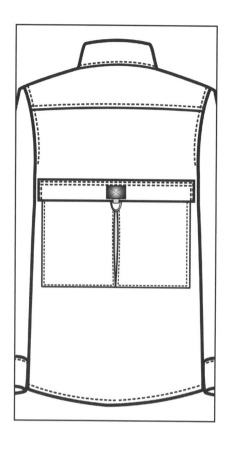

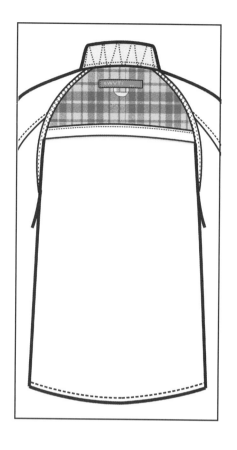

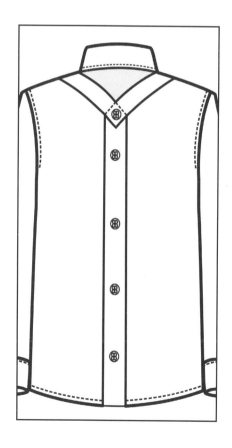

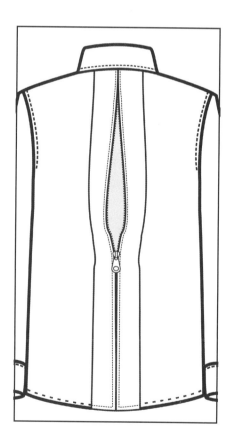

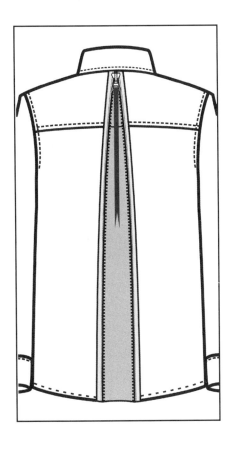

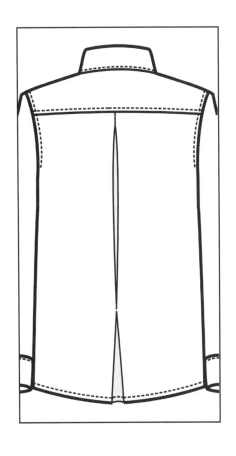

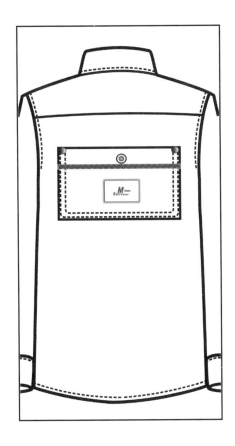

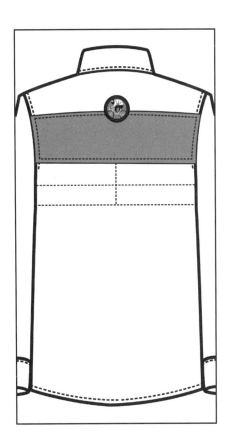

衬衣侧缝细节设计

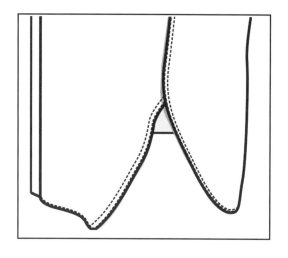

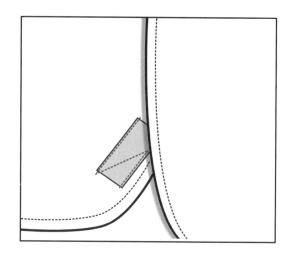

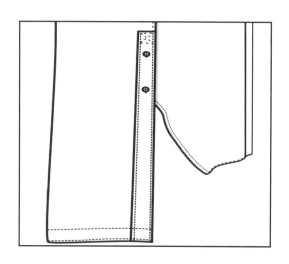

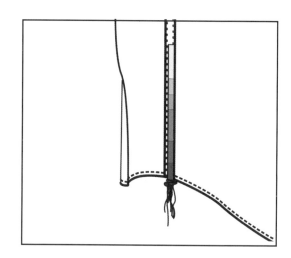

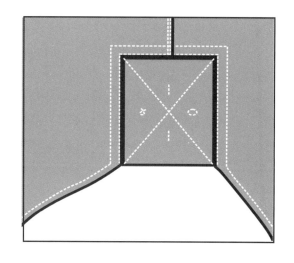

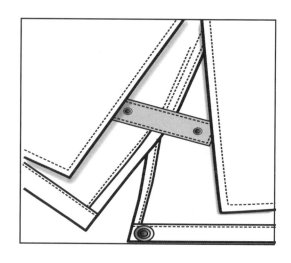

衬衣袖口细节设计

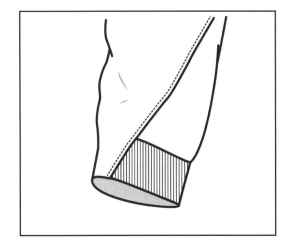

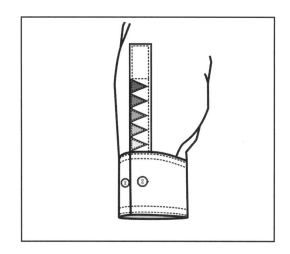

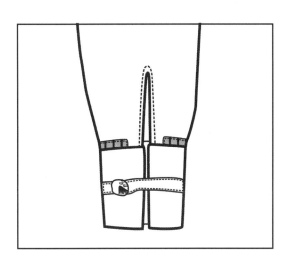

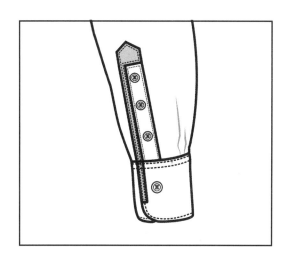

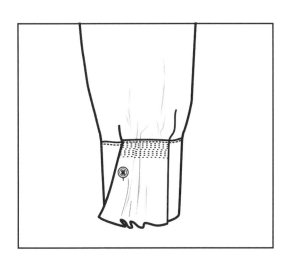

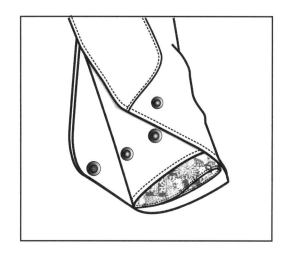

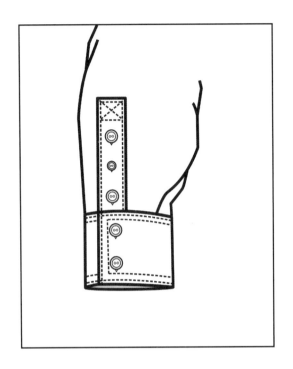

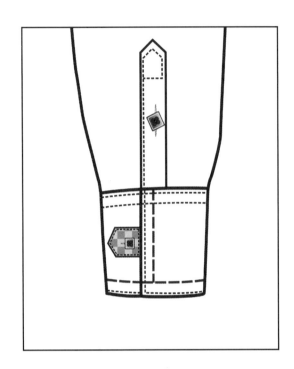

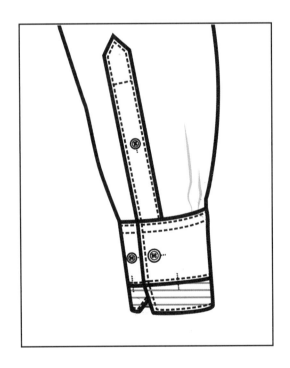

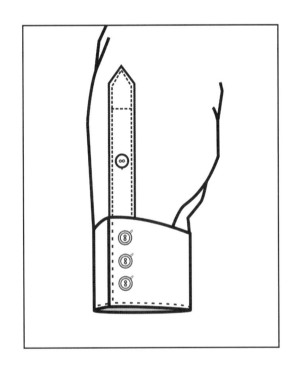

衬衣口袋细节设计

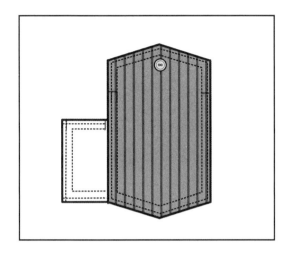

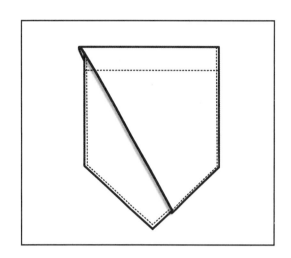

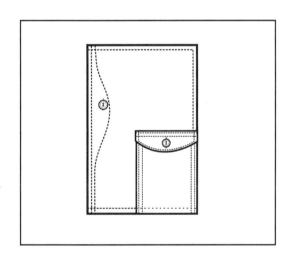

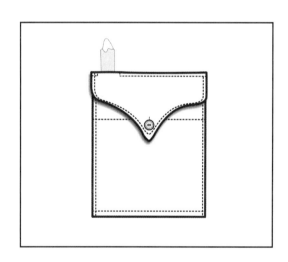

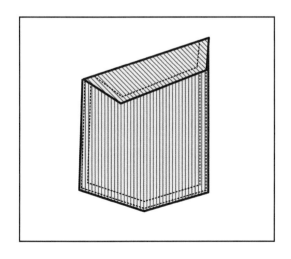

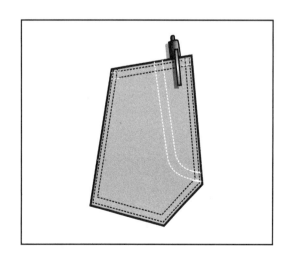

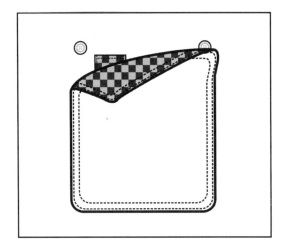

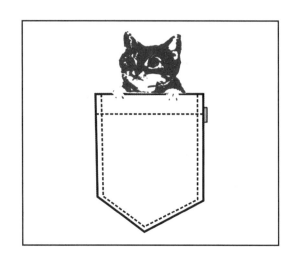

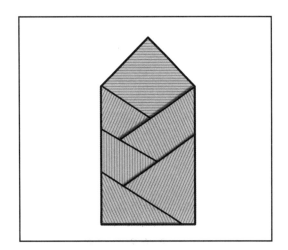

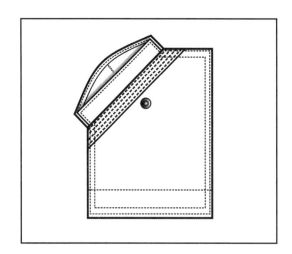

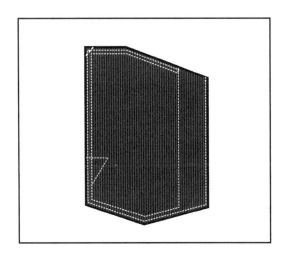

衬衣领部细节设计

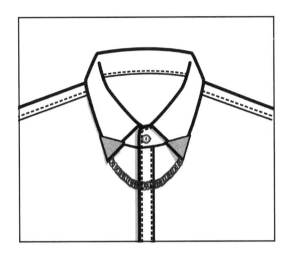

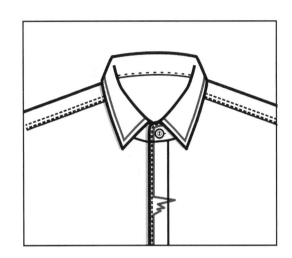

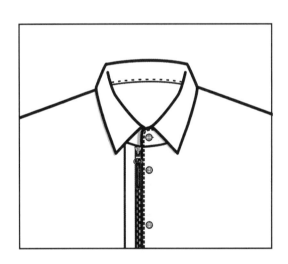

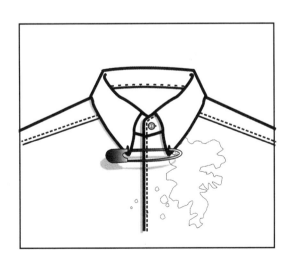

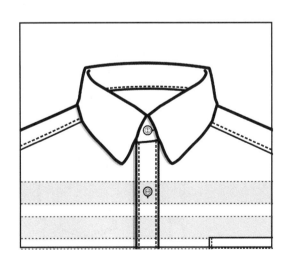

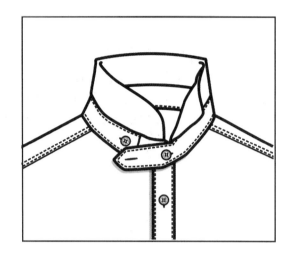

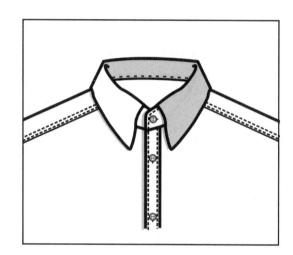

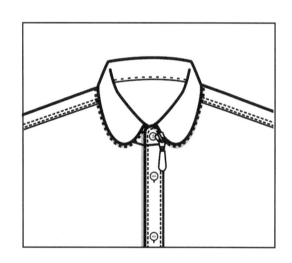

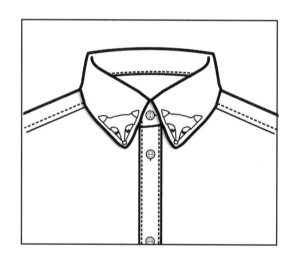

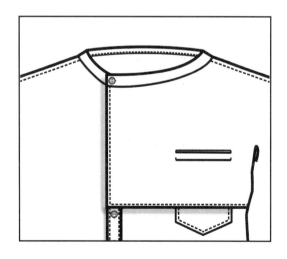

T 恤侧缝细节设计

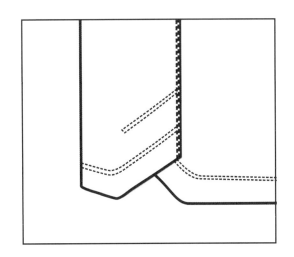

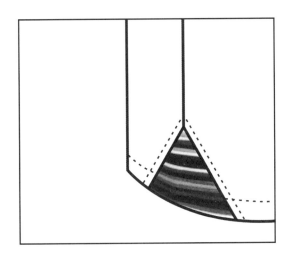

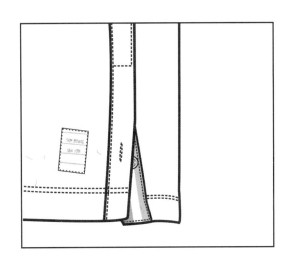

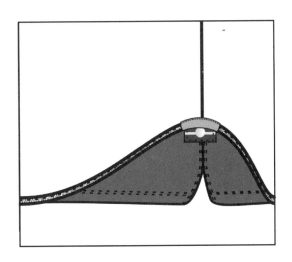

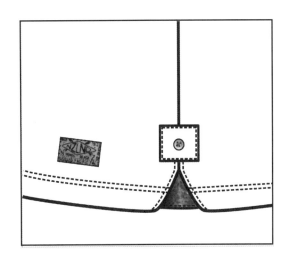

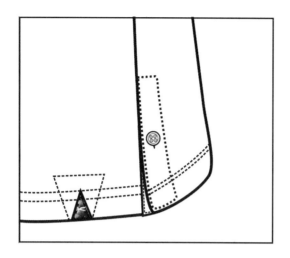

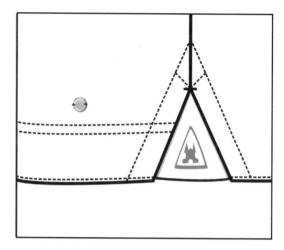

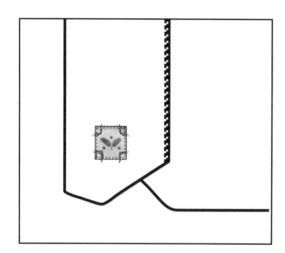

T恤领部细节设计

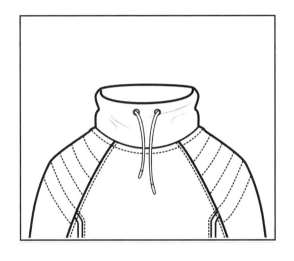

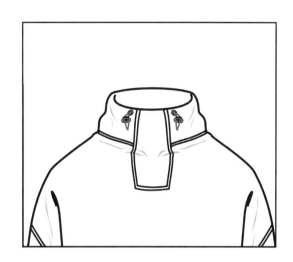

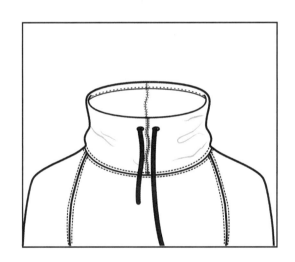

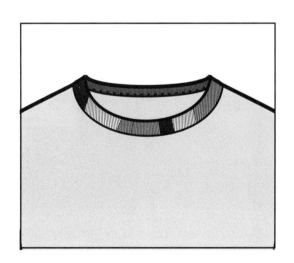

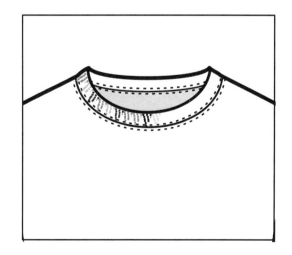

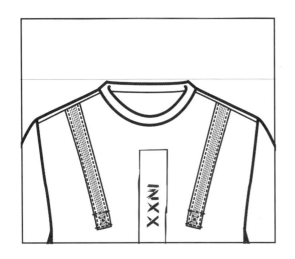

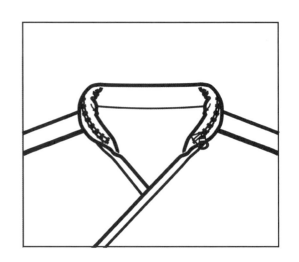

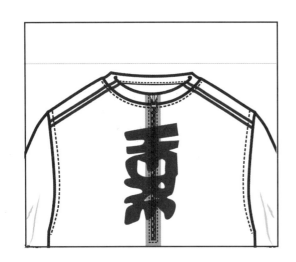

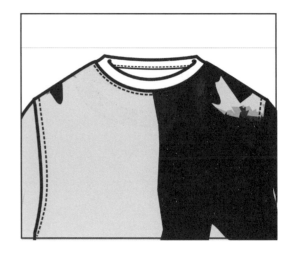

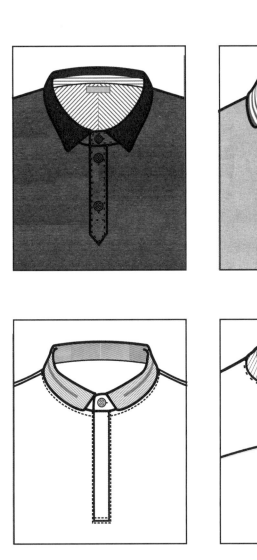
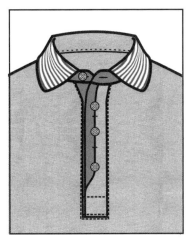
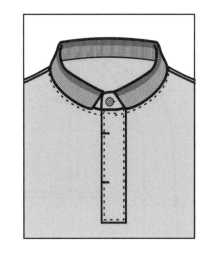
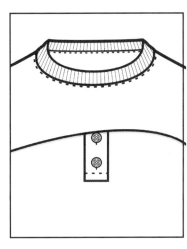
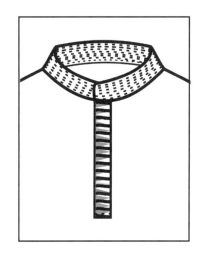
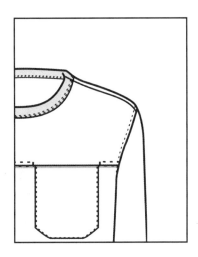
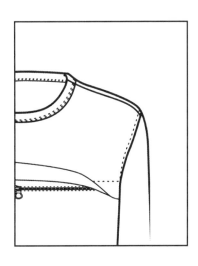
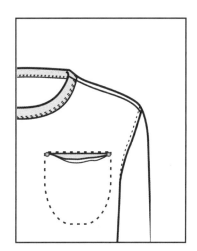

T恤后片细节设计

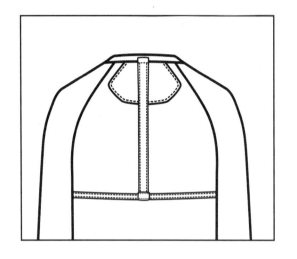
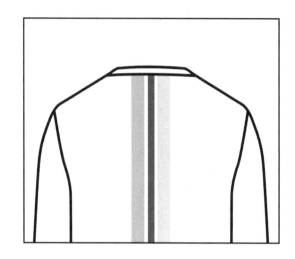

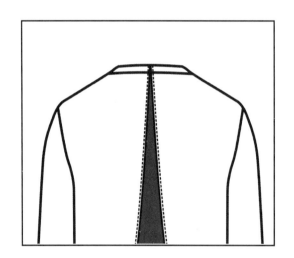
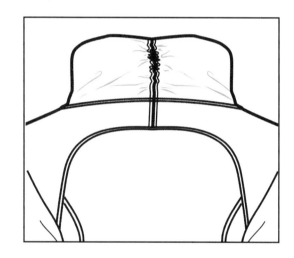

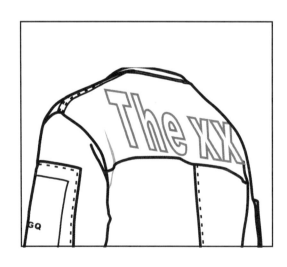
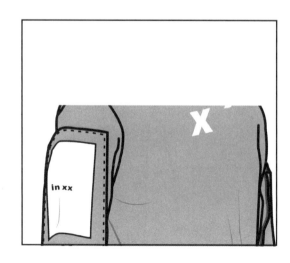

T恤下摆细节设计

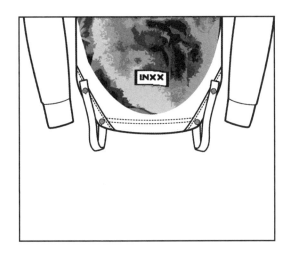

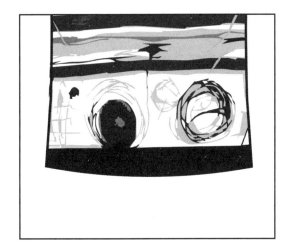
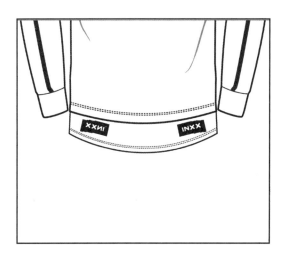
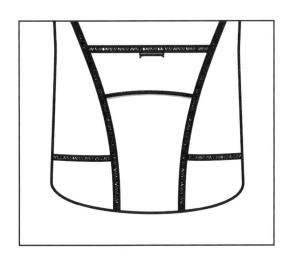
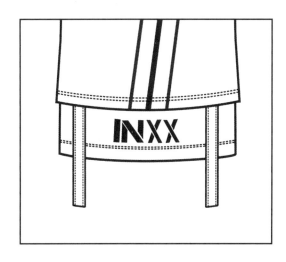

T恤袖口细节设计

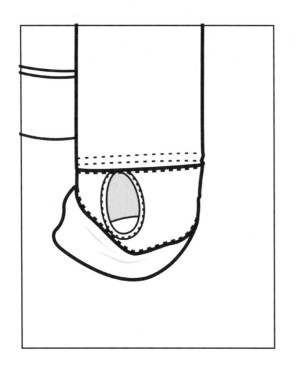

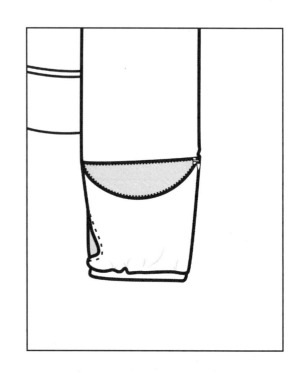

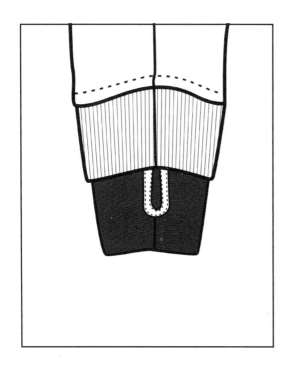

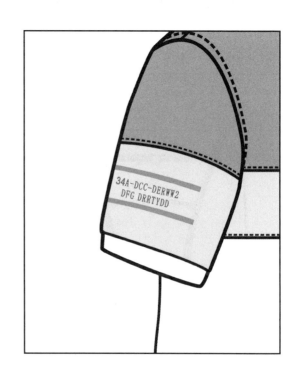

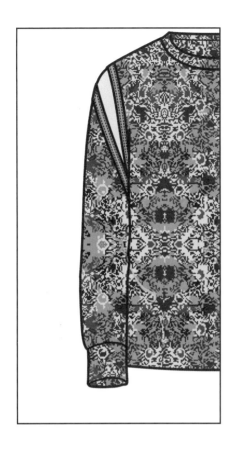

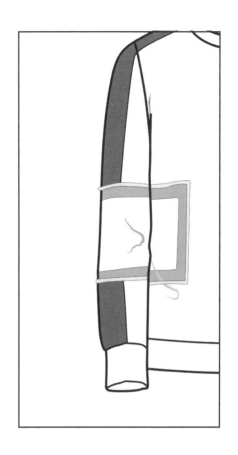

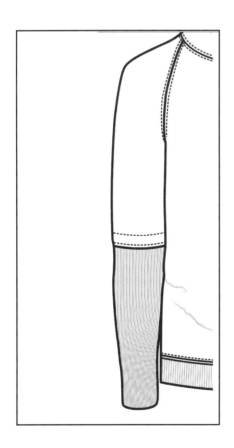

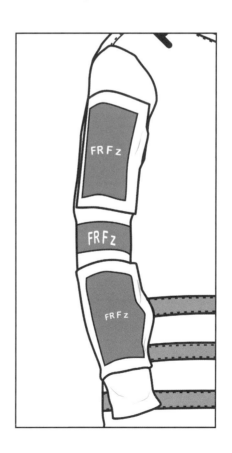

后 记

  男装系列设计丛书是基于现代创作理念，在传统研究与时尚发展中的有机结合，它是主编陈贤昌、曾丽，编辑吴川灵、赵春园，著作人杨树彬、王银华、汤丽、贺金连、熊晓光、薛嘉雯、胡蓉蓉、何韵姿等共同努力的结晶。这一年多来我们不畏艰辛、不懈努力，执着、坚定但又乐在其中。在第一次集中研讨中，我们就达成了基本理念和统一了思想，正是基于这份美好与共识，我们开始了愉快和艰辛的创作历程。

  中期阶段一次次的碰撞和争议，取长补短的探讨让整体设计与著写载入了更完美的设计思想。艰辛总是凝聚在黎明前的时刻，总体的设计特色与细节突破在睿智与坚韧不拔的创作中再一次见证了我们共同努力的成果，让著作的含金量不断提升。

  后期阶段，也是著作最后完稿前，两位主编与两位编辑，一起探讨系列丛书的问题并确定了解决办法，并与八位著作人一起完善了每本著作的特点与内容，修订交稿。

  男装系列设计丛书终于完美落幕！

  我们希望能从这些作品中透析男装设计的精髓，让现代男装设计有一个章法可循的设计思路，为现代男装发展奠定优秀的设计基础。

  《服装款式大系——男衬衫·T恤款式图设计800例》的顺利完成，还有赖于多位同学协助老师绘图，衷心感谢你们的加入与共同努力，深表谢忱。